The Future of Food Safety: Innovations and Practices in Agriculture

खाद्य सुरक्षा का भविष्य: कृषि में नवाचार और प्रथाएं

Charan Kumar

Copyright © [2023]

Title: The Future of Food Safety: Innovations and Practices in Agriculture
Author's: Charan Kumar

This book was printed and published by [Publisher's: **Charan Kumar**] in [2023]

ISBN:

TABLE OF CONTENT

Chapter 1: Emerging Threats to Food Safety: 09

- Climate change and its impact on agricultural practices and foodborne illnesses.
- Antimicrobial resistance and the growing threat of superbugs in food production.
- Food safety risks from new technologies like gene editing and synthetic biology.
- The increasing complexity of global food supply chains and potential contamination risks.

Chapter 2: Innovative Technologies for Food Safety Enhancement: 21

- Precision agriculture and its role in reducing environmental contamination and foodborne pathogens.
- Use of blockchain technology for food traceability and transparency.
- Robotics and automation in food production and processing for improved hygiene and safety.
- Advanced sensors and data analytics for real-time monitoring of food quality and safety.
- Gene editing and its potential to enhance food safety and reduce disease risks.

Chapter 3: Sustainable Practices for Safe Agriculture: 34

- Regenerative agriculture and its benefits for soil health, food quality, and environmental sustainability.

- Organic farming and its contribution to reducing pesticide residues and improving food safety.

- Agro-ecological approaches for pest and disease control and promoting biodiversity.

- Integrated pest management (IPM) strategies for minimizing pesticide use and its impact on food safety.

- Circular economy principles applied to agricultural waste management and resource recovery.

Chapter 4: Regulatory Frameworks and Policy Challenges: 47

- Role of international organizations and national governments in setting food safety standards.

- Challenges in harmonizing food safety regulations across different countries and regions.

- Need for capacity building and training of farmers and food handlers on safe agricultural practices.

- The role of public-private partnerships in promoting food safety research and development.

- Ethical considerations and consumer acceptance of new technologies in food production.

Chapter 5: The Future of Food Safety - A Collaborative Approach: 61

- Recommendations for advancing food safety through innovation, collaboration, and global cooperation.

- The role of consumers in demanding safe and sustainable food systems.

- Building resilient and sustainable agricultural systems for the future.

- Investing in research and development for continuous improvement of food safety practices.

- Ensuring equitable access to safe food for all populations around the world.

TABLE OF CONTENT

अध्याय 5: खाद्य सुरक्षा का भविष्य - एक सहयोगी दृष्टिकोण   61

- नवाचार, सहयोग और वैश्विक सहयोग के माध्यम से खाद्य सुरक्षा को आगे बढ़ाने के लिए सिफारिशें।

- सुरक्षित और टिकाऊ खाद्य प्रणालियों की मांग करने में उपभोक्ताओं की भूमिका।

- भविष्य के लिए लचीला और टिकाऊ कृषि प्रणालियों का निर्माण।

- खाद्य सुरक्षा प्रथाओं के निरंतर सुधार के लिए अनुसंधान और विकास में निवेश करना।

- दुनिया भर में सभी आबादी के लिए सुरक्षित भोजन तक समान पहुंच सुनिश्चित करना।

Chapter 1: Emerging Threats to Food Safety:

अध्याय 1: खाद्य सुरक्षा के लिए उभरते खतरे

जलवायु परिवर्तन और कृषि पद्धतियों पर इसका प्रभाव

जलवायु परिवर्तन एक वैश्विक मुद्दा है जिसके कृषि पर गहरा प्रभाव पड़ रहा है। तापमान में वृद्धि, वर्षा पैटर्न में बदलाव, और अधिक चरम मौसम की घटनाएं सभी फसलों की पैदावार को कम कर सकती हैं, खाद्य असुरक्षा में वृद्धि कर सकती हैं और खाद्य जनित बीमारियों के जोखिम को बढ़ा सकती हैं।

फसल उत्पादन पर प्रभाव:

- तापमान में वृद्धि: बढ़ते तापमान कुछ फसलों के लिए अनुकूल नहीं हैं और उनकी वृद्धि और उत्पादन को नकारात्मक रूप से प्रभावित कर सकते हैं। उदाहरण के लिए, गेहूं और चावल जैसे प्रमुख अनाज के पौधे गर्मी के तनाव के प्रति संवेदनशील होते हैं, जिससे उनके उपज में कमी आती है।

- वर्षा पैटर्न में परिवर्तन: वर्षा के अनियमित पैटर्न, सूखे की बढ़ती आवृत्ति और बाढ़ की घटनाओं से कृषि उत्पादन बाधित हो सकता है। अपर्याप्त वर्षा फसल की विफलता का कारण बन सकती है, जबकि अत्यधिक वर्षा फसलों को नुकसान पहुंचा सकती है और मिट्टी के कटाव को बढ़ा सकती है।

- अधिक चरम मौसम की घटनाएं: चक्रवात, तूफान और बाढ़ जैसी चरम मौसम की घटनाएं फसलों को नष्ट कर सकती हैं, खेतों को नुकसान

पहुंचा सकती हैं और किसानों की आजीविका को खतरे में डाल सकती हैं।

खाद्य जनित बीमारियों का बढ़ता जोखिम:

जलवायु परिवर्तन खाद्य जनित बीमारियों के बढ़ते जोखिम में भी योगदान दे सकता है। बढ़ते तापमान रोगजनकों के विकास और प्रसार को बढ़ावा दे सकते हैं, जो खाद्य पदार्थों को दूषित कर सकते हैं और मनुष्यों को बीमार बना सकते हैं। इसके अतिरिक्त, चरम मौसम की घटनाएं खाद्य आपूर्ति श्रृंखलाओं को बाधित कर सकती हैं और खाद्य भंडारण और परिवहन को प्रभावित कर सकती हैं, जिससे खाद्य सुरक्षा के जोखिम को बढ़ावा मिलता है।

कृषि को जलवायु परिवर्तन के अनुकूल बनाना:

जलवायु परिवर्तन के प्रभावों को कम करने और खाद्य सुरक्षा सुनिश्चित करने के लिए किसानों को अपनी कृषि पद्धतियों को बदलने की आवश्यकता है। कुछ अनुकूलन रणनीतियों में शामिल हैं:

- लचीले फसलों की खेती: ऐसे फसलों को चुनना जो बढ़ते तापमान, जलवायु परिवर्तन और चरम मौसम की घटनाओं के प्रति अधिक प्रतिरोधी हों।

- जल संरक्षण प्रथाओं: सिंचाई के तरीकों को अपनाना जो पानी के उपयोग को कम करते हैं, जैसे कि ड्रिप सिंचाई और वर्षा जल संचयन।

- मृदा स्वास्थ्य में सुधार: कार्बनिक पदार्थों को मिट्टी में शामिल करना, मृदा क्षरण को कम करना और मिट्टी की उर्वरता को बढ़ाना।

- कीट और रोग प्रबंधन: जैविक कीटनाशकों और जैविक नियंत्रण विधियों का उपयोग करना रासायनिक कीटनाशकों पर निर्भरता को कम करने के लिए।

सरकारों और अंतरराष्ट्रीय संगठनों की भूमिका:

सरकारों और अंतरराष्ट्रीय संगठनों को किसानों को जलवायु परिवर्तन के अनुकूल होने और खाद्य सुरक्षा सुनिश्चित करने में मदद करने के लिए महत्वपूर्ण भूमिका निभानी है। कुछ नीतिगत उपायों में शामिल हैं:

अनुसंधान और विकास में निवेश: जलवायु-लचीला फसलों के विकास और खाद्य जनित बीमारियों को रोकने के लिए अनुसंधान को बढ़ावा देना।

- बढ़ता तापमान: बढ़ता तापमान खाद्य जनित बीमारियों के लिए अनुकूल परिस्थितियाँ पैदा करता है। गर्म तापमान बैक्टीरिया और अन्य रोगजनकों को तेजी से बढ़ने और फैलने में मदद करता है, जिससे खाद्य पदार्थों के दूषित होने का खतरा बढ़ जाता है।

- अनियमित वर्षा: वर्षा पैटर्न में बदलाव से भी खाद्य जनित बीमारियों का खतरा बढ़ सकता है। सूखे की स्थिति खाद्य सुरक्षा को कमजोर कर सकती है और खराब स्वच्छता की स्थिति को बढ़ावा दे सकती है, जिससे खाद्य जनित बीमारियों का प्रसार बढ़ सकता है।

- बाढ़: बाढ़ से कृषि क्षेत्र जलमग्न हो सकते हैं, जिससे फसलों और खाद्य भंडारण सुविधाओं को नुकसान हो सकता है। इससे खाद्य पदार्थों का दूषित होने का खतरा बढ़ सकता है और खाद्य जनित बीमारियों के प्रकोप का खतरा बढ़ सकता है।

खाद्य उत्पादन में रोगाणुरोधी प्रतिरोध और सुपरबग का बढ़ता खतरा

रोगाणुरोधी प्रतिरोध (एएमआर) एक गंभीर वैश्विक स्वास्थ्य खतरा है जो तब होता है जब बैक्टीरिया, वायरस, परजीवी और कवक दवाओं के प्रति प्रतिरोधी हो जाते हैं जिनका उपयोग उन्हें मारने या उनके विकास को रोकने के लिए किया जाता है। यह एक जटिल समस्या है जिसके कई कारण हैं, लेकिन मुख्य योगदान कारकों में से एक एंटीबायोटिक दवाओं का अत्यधिक और दुरुपयोग है।

एंटीबायोटिक दवाओं का व्यापक रूप से मानव और पशु चिकित्सा दोनों में उपयोग किया जाता है। हालांकि, वे अक्सर अनुचित तरीके से निर्धारित या उपयोग किए जाते हैं, जिससे बैक्टीरिया को प्रतिरोधी बनने का अवसर मिलता है। एंटीबायोटिक दवाओं का उपयोग खाद्य उत्पादन में भी व्यापक है, जहां उनका उपयोग जानवरों को बीमार होने से बचाने और उनके विकास को बढ़ावा देने के लिए किया जाता है।

खाद्य उत्पादन में एंटीबायोटिक दवाओं के उपयोग के कई जोखिम हैं, जिनमें शामिल हैं:

- एंटीबायोटिक प्रतिरोधी बैक्टीरिया (एआरबी) का विकास: जब खाद्य उत्पादन में एंटीबायोटिक दवाओं का उपयोग किया जाता है, तो यह एआरबी के विकास को बढ़ावा दे सकता है। ये बैक्टीरिया दवाओं के प्रति प्रतिरोधी हैं और मनुष्यों में संक्रमण का कारण बन सकते हैं।

- खाद्य श्रृंखला के माध्यम से एआरबी का प्रसार: एआरबी खाद्य श्रृंखला के माध्यम से मनुष्यों तक फैल सकता है। यह दूषित मांस, पोल्ट्री, और समुद्री भोजन के माध्यम से हो सकता है, या दूषित पानी या सब्जियों के माध्यम से हो सकता है।

सुपरबग का उदय: सुपरबग ऐसे बैक्टीरिया हैं जो कई प्रकार की दवाओं के प्रतिरोधी हैं, यहां तक कि सबसे शक्तिशाली एंटीबायोटिक दवाओं के लिए भी। सुपरबग के कारण होने वाले संक्रमण का इलाज करना मुश्किल और घातक हो सकता है।

खाद्य उत्पादन में एंटीबायोटिक दवाओं के उपयोग के अलावा, अन्य कारक भी एएमआर में योगदान करते हैं, जिनमें शामिल हैं:

अनुचित स्वच्छता और स्वच्छता प्रथाओं: खाद्य उत्पादन और प्रसंस्करण सुविधाओं में खराब स्वच्छता और स्वच्छता प्रथाओं से खाद्य पदार्थों के दूषित होने और एआरबी के प्रसार का खतरा बढ़ जाता है।

अंतरराष्ट्रीय व्यापार: एआरबी और सुपरबग अंतरराष्ट्रीय व्यापार और यात्रा के माध्यम से दुनिया भर में फैल सकते हैं।

एंटीबायोटिक दवाओं की खराब गुणवत्ता: दुनिया के कुछ हिस्सों में, खराब गुणवत्ता वाले एंटीबायोटिक दवाओं का व्यापक रूप से उपयोग किया जाता है, जिससे एएमआर में योगदान होता है।

एएमआर और सुपरबग के खतरे को कम करने के लिए, निम्नलिखित कदम उठाए जा सकते हैं:

एंटीबायोटिक दवाओं का विवेकपूर्ण उपयोग: मनुष्यों और जानवरों में एंटीबायोटिक दवाओं का उपयोग केवल तभी किया जाना चाहिए जब अत्यंत आवश्यक हो।

खाद्य उत्पादन में एंटीबायोटिक दवाओं के उपयोग का प्रतिबंध: खाद्य उत्पादन में एंटीबायोटिक दवाओं के उपयोग को प्रतिबंधित किया जाना चाहिए और केवल बीमार जानवरों के इलाज के लिए ही उपयोग किया जाना चाहिए।

- बेहतर स्वच्छता और स्वच्छता प्रथाओं का कार्यान्वयन: खाद्य उत्पादन और प्रसंस्करण सुविधाओं में बेहतर स्वच्छता और स्वच्छता प्रथाओं को लागू किया जाना चाहिए।

- बेहतर स्वच्छता और स्वच्छता प्रथाओं का कार्यान्वयन: खाद्य उत्पादन और प्रसंस्करण सुविधाओं में बेहतर स्वच्छता और स्वच्छता प्रथाओं को लागू किया जाना चाहिए।

खाद्य सुरक्षा के लिए नए खतरे: जीन संपादन और सिंथेटिक जीवविज्ञान जैसी नई तकनीकें

आधुनिक खाद्य प्रणाली में, नई तकनीकों का तेजी से विकास और कार्यान्वयन हो रहा है। जीन संपादन और सिंथेटिक जीवविज्ञान जैसी तकनीकें खाद्य उत्पादन को अधिक कुशल, टिकाऊ और उपज बढ़ाने का वादा करती हैं। हालांकि, इन नए तरीकों से खाद्य सुरक्षा के लिए भी संभावित खतरे हैं जिन्हें सावधानीपूर्वक विचार और प्रबंधन की आवश्यकता है।

1. जीन संपादन:

जीन संपादन तकनीकें, जैसे CRISPR-Cas9, डीएनए में विशिष्ट परिवर्तन करने की अनुमति देती हैं। इसका उपयोग पौधों, जानवरों और सूक्ष्मजीवों के वांछनीय लक्षणों को बढ़ाने के लिए किया जा सकता है, जैसे कि रोग प्रतिरोधकता, उपज में वृद्धि और बेहतर पोषण प्रोफ़ाइल।

खाद्य सुरक्षा जोखिम:

- अवांछित डीएनए परिवर्तन: जीन संपादन प्रक्रिया के दौरान, गलती से डीएनए में अवांछित परिवर्तन हो सकते हैं, जिससे एलर्जी, विषाक्तता या अन्य स्वास्थ्य समस्याओं का खतरा बढ़ सकता है।

- जीनोमिक अस्थिरता: जीन संपादन प्रक्रिया जीनोम को अस्थिर बना सकती है, जिससे आनुवंशिक उत्परिवर्तन और अप्रत्याशित परिणाम हो सकते हैं।

- वातावरण में अनुपयुक्त जीन का प्रसार: संपादित जीवों से पारंपरिक जीवों में परिवर्तित जीन का अनियंत्रित प्रसार होता है, जिससे पारिस्थितिक तंत्र को नुकसान हो सकता है और खाद्य श्रृंखला में व्यवधान पैदा हो सकता है।

2. सिंथेटिक जीवविज्ञान:

सिंथेटिक जीवविज्ञान का उद्देश्य जीवित जीवों को डिजाइन और निर्माण करना है जो विशिष्ट कार्यों को करने के लिए प्रोग्राम किए गए हैं। इसका उपयोग खाद्य उत्पादन में नए उत्पादों और प्रक्रियाओं को विकसित करने के लिए किया जा सकता है, जैसे कि नए खाद्य स्रोत, बेहतर खाद्य प्रसंस्करण तकनीक और जैव ईंधन उत्पादन।

खाद्य सुरक्षा जोखिम:

- नए खाद्य पदार्थों के लिए अप्रत्याशित स्वास्थ्य प्रभाव: सिंथेटिक जीवविज्ञान का उपयोग करके बनाए गए नए खाद्य पदार्थों में अज्ञात या अप्रत्याशित स्वास्थ्य प्रभाव हो सकते हैं।

- अवांछित जीवों का निर्माण: सिंथेटिक जीवविज्ञान गलती से अवांछित जीवों का निर्माण कर सकता है जो हानिकारक हो सकते हैं या पर्यावरण के लिए खतरा पैदा कर सकते हैं।

- नियंत्रण का नुकसान: सिंथेटिक जीवों को नियंत्रित करना मुश्किल हो सकता है, जिससे उनके पर्यावरण में अनियंत्रित प्रसार का खतरा होता है।

खाद्य सुरक्षा सुनिश्चित करने के लिए क्या किया जा सकता है:

- नए खाद्य पदार्थों के लिए कठोर विनियम: नए खाद्य पदार्थों को बाजार में लाने से पहले व्यापक सुरक्षा मूल्यांकन से गुजरना चाहिए।

- नई तकनीकों के लिए पारदर्शिता: जीन संपादन और सिंथेटिक जीवविज्ञान जैसी नई तकनीकों को पारदर्शी और जिम्मेदार तरीके से विकसित और लागू किया जाना चाहिए।

- सार्वजनिक भागीदारी: नई खाद्य प्रौद्योगिकियों के विकास और उपयोग में जनता को शामिल किया जाना चाहिए।

निरंतर अनुसंधान और निगरानी: नई खाद्य प्रौद्योगिकियों के दीर्घकालिक स्वास्थ्य और पर्यावरणीय प्रभावों पर निरंतर अनुसंधान और निगरानी की आवश्यकता है।

वैश्विक खाद्य आपूर्ति श्रृंखलाओं की बढ़ती जटिलता और संभावित संदूषण जोखिम

वैश्विक खाद्य आपूर्ति श्रृंखलाएं तेजी से जटिल और अंतरसंबंधित होती जा रही हैं। खाद्य उत्पादन में वृद्धि और वैश्विक बाजारों में पहुंच को बढ़ावा देने के लिए लंबी दूरी के परिवहन, व्यापक वितरण नेटवर्क और विभिन्न देशों में उत्पादन के विभिन्न चरणों का उपयोग किया जाता है। हालांकि, इन जटिल प्रणालियों के अपने फायदे हैं, वे संदूषण के जोखिम को भी बढ़ाते हैं, जिससे खाद्य सुरक्षा के लिए खतरा पैदा होता है।

जटिलता के कारण संदूषण जोखिम:

- खाद्य पदार्थों का लंबा सफर: खाद्य पदार्थों को दुनिया भर में लंबी दूरी तक भेजने से उनके दूषित होने का खतरा बढ़ जाता है। अनुचित भंडारण और परिवहन के दौरान, तापमान में उतार-चढ़ाव, कीटों और कृन्तकों से संक्रमण, और रासायनिक या भौतिक दूषित पदार्थों के संपर्क में आने से खाद्य पदार्थ दूषित हो सकते हैं।

- विभिन्न देशों में उत्पादन के चरणों का वितरण: उत्पादन के विभिन्न चरणों को अलग-अलग देशों में फैलाने से खाद्य सुरक्षा मानकों और गुणवत्ता नियंत्रण प्रथाओं में असंगतियों का खतरा बढ़ जाता है। इससे यह सुनिश्चित करना मुश्किल हो जाता है कि खाद्य उत्पादन के सभी चरणों में उच्च स्तर के खाद्य सुरक्षा मानकों का पालन किया जाता है।

- वितरण नेटवर्क की जटिलता: व्यापक वितरण नेटवर्क के माध्यम से बड़ी मात्रा में खाद्य पदार्थों को वितरित करने से दूषित खाद्य पदार्थों के बड़े पैमाने पर फैलने का खतरा बढ़ जाता है। एक एकल दूषित उत्पाद बड़ी संख्या में लोगों को प्रभावित कर सकता है और खाद्य जनित बीमारी के बड़े प्रकोप का कारण बन सकता है।

- सूचना प्रवाह में कमी: खाद्य आपूर्ति श्रृंखला की जटिलता के कारण, दूषित उत्पाद के स्रोत का पता लगाना और उसका पता लगाना मुश्किल हो

सकता है। इससे खाद्य सुरक्षा खतरों के लिए तेजी से प्रतिक्रिया देना और संदूषण को रोकना मुश्किल हो जाता है।

जानबूझकर मिलावट: दुर्भावनापूर्ण अभिनेता जानबूझकर खाद्य पदार्थों में मिलावट कर सकते हैं, जिससे लोगों को गंभीर नुकसान हो सकता है। इस तरह की मिलावट का पता लगाना मुश्किल हो सकता है, खासकर जटिल खाद्य उत्पादों में।

जटिल खाद्य आपूर्ति श्रृंखलाओं में खाद्य सुरक्षा में सुधार के लिए रणनीतियाँ:

खाद्य सुरक्षा मानकों को मजबूत बनाना: सभी देशों में मजबूत खाद्य सुरक्षा मानकों को अपनाना और लागू करना आवश्यक है। इसमें खाद्य उत्पादन, प्रसंस्करण, वितरण और भंडारण के सभी चरणों में खाद्य सुरक्षा प्रथाओं को शामिल किया जाना चाहिए।

सूचना प्रवाह में सुधार: खाद्य आपूर्ति श्रृंखला में सभी भागीदारों के बीच सूचना का पारदर्शी और समय पर आदान-प्रदान सुनिश्चित करना आवश्यक है। इससे दूषित उत्पादों का तेजी से पता लगाना और खाद्य सुरक्षा खतरों के लिए जल्दी प्रतिक्रिया देना संभव हो जाता है।

अनुसंधान और विकास में निवेश: खाद्य सुरक्षा प्रौद्योगियों के विकास और खाद्य जनित बीमारियों का पता लगाने, रोकथाम और प्रतिक्रिया के लिए नए तरीकों के अनुसंधान में निवेश करना आवश्यक है।

जटिल वैश्विक खाद्य आपूर्ति श्रृंखलाओं में खाद्य संदूषण के लिए कई संभावित जोखिम हैं, जिनमें शामिल हैं:

जैविक खतरे: बैक्टीरिया, वायरस, परजीवी और कवक जैसे रोगजनक खाद्य उत्पादन के किसी भी चरण में खाद्य पदार्थों को दूषित कर सकते हैं।

- रासायनिक खतरे: कीटनाशक, खाद, और अन्य रसायनों के अवशेष खाद्य पदार्थों को दूषित कर सकते हैं और मानव स्वास्थ्य के लिए हानिकारक हो सकते हैं।

- भौतिक खतरे: धातु के टुकड़े, कांच के टुकड़े, और अन्य विदेशी वस्तुएं खाद्य उत्पादन और प्रसंस्करण के दौरान खाद्य पदार्थों में मिल सकती हैं।

- जानबूझी मिलावट: कुछ मामलों में, खाद्य पदार्थों को जानबूझकर दूषित किया जा सकता है, जैसे कि आर्थिक लाभ के लिए या जानबूझकर नुकसान पहुंचाने के उद्देश्य से।

Chapter 2: Innovative Technologies for Food Safety Enhancement:

अध्याय 2: खाद्य सुरक्षा बढ़ाने के लिए नवीन तकनीकें

सटीक कृषि: पर्यावरण प्रदूषण और खाद्य जनित रोगजनकों को कम करने में इसकी भूमिका

खाद्य उत्पादन को बढ़ाने और पर्यावरण की रक्षा करने के लिए सटीक कृषि एक क्रांतिकारी तकनीक बनकर उभरी है। यह डेटा-संचालित दृष्टिकोण कृषि उत्पादन के हर पहलू को अनुकूलित करने के लिए सेंसर, डेटा विज्ञान और कृत्रिम बुद्धिमत्ता (एआई) जैसी उन्नत तकनीकों का उपयोग करता है। सटीक कृषि पर्यावरण प्रदूषण को कम करने और खाद्य जनित रोगजनकों के प्रसार को रोकने में कई तरह से महत्वपूर्ण भूमिका निभा सकती है।

पर्यावरण प्रदूषण को कम करने के लिए राटीक कृषि:

पानी का कुशल उपयोग: सटीक कृषि तकनीकें, जैसे मिट्टी की नमी सेंसर और सिंचाई प्रणाली को स्वचालित करने के लिए डेटा एनालिटिक्स, किसानों को केवल वही पानी लागू करने में सक्षम बनाती हैं, जहां और जब इसकी आवश्यकता होती है। यह पानी की बर्बादी को कम करता है, जो जल संसाधनों के संरक्षण में महत्वपूर्ण योगदान देता है।

उर्वरक और कीटनाशकों का कम उपयोग: सटीक कृषि तकनीकें किसानों को खेतों में पोषक तत्वों और कीटनाशकों की मात्रा को सटीक

रूप से लक्षित करने में मदद करती हैं। इससे उर्वरकों और कीटनाशकों के उपयोग में कमी आती है, जो भूमि और जल प्रदूषण को कम करता है।

- कार्बन उत्सर्जन को कम करना: सटीक कृषि तकनीकें, जैसे कि कवर फसलों का उपयोग और मिट्टी के कार्बन अनुक्रम को बढ़ाने वाली प्रथाएं, वायुमंडल में कार्बन डाइऑक्साइड की रिहाई को कम करती हैं, जिससे जलवायु परिवर्तन के प्रभावों को कम करने में मदद मिलती है।

खाद्य जनित रोगजनकों को कम करने के लिए सटीक कृषि:

- जोखिम वाले क्षेत्रों की पहचान: सटीक कृषि सेंसर और डेटा एनालिटिक्स का उपयोग खेतों में खाद्य जनित रोगजनकों के प्रसार के लिए उच्च जोखिम वाले क्षेत्रों की पहचान करने के लिए किया जा सकता है। यह किसानों को इन क्षेत्रों पर लक्षित कार्रवाई करने में सक्षम बनाता है, जैसे कि स्वच्छता उपायों को तेज करना या उपचारों को लागू करना।

- खाद्य सुरक्षा प्रथाओं का अनुकूलन: सटीक कृषि तकनीकें खाद्य सुरक्षा प्रथाओं को अनुकूलित करने में मदद कर सकती हैं, जैसे कि फसल रोटेशन और जैविक कीट नियंत्रण। यह खाद्य जनित रोगजनकों के विकास और प्रसार को रोकने में मदद करता है।

- ट्रेकेबिलिटी और पारदर्शिता में सुधार: सटीक कृषि तकनीकें खाद्य आपूर्ति श्रृंखला में ट्रेकेबिलिटी और पारदर्शिता में सुधार कर सकती हैं। यह खाद्य जनित रोगजनकों के प्रकोप के स्रोतों की पहचान करने और उनका पता लगाने को आसान बनाता है, जिससे प्रतिक्रिया समय में सुधार होता है और भविष्य के प्रकोपों को रोका जा सकता है।

सटीक कृषि के लाभ:

- फसल की पैदावार में वृद्धि: सटीक कृषि तकनीकें किसानों को फसल की पैदावार बढ़ाने में मदद कर सकती हैं, जिससे खाद्य सुरक्षा बढ़ जाती है।

लागत में कमी: सटीक कृषि तकनीकें किसानों को उत्पादन लागत कम करने में मदद कर सकती हैं, जिससे उनकी लाभप्रदता में सुधार होता है।

पर्यावरण के अनुकूल: सटीक कृषि तकनीकें पर्यावरण को नुकसान को कम करने में मदद कर सकती हैं, जिससे अधिक टिकाऊ कृषि प्रणाली का निर्माण हो

खाद्य सुरक्षा में ब्लॉकचेन प्रौद्योगिकी का उपयोग: ट्रेकेबिलिटी और पारदर्शिता बढ़ाना

खाद्य सुरक्षा एक वैश्विक चिंता का विषय है, और उपभोक्ता अपने भोजन के स्रोत और सुरक्षा के बारे में अधिक से अधिक जानकारी मांग रहे हैं। पारंपरिक खाद्य आपूर्ति श्रृंखलाएं अक्सर जटिल और अपारदर्शी होती हैं, जिससे खाद्य पदार्थों का पता लगाना और संदूषण के स्रोतों की पहचान करना मुश्किल हो जाता है। ब्लॉकचेन प्रौद्योगिकी के उदय के साथ, खाद्य उद्योग में ट्रेकेबिलिटी और पारदर्शिता बढ़ाने के लिए एक क्रांतिकारी समाधान सामने आया है।

ब्लॉकचेन क्या है?

ब्लॉकचेन एक विकेन्द्रीकृत डेटाबेस है जो लेनदेन का एक सुरक्षित, पारदर्शी और अपरिवर्तनीय रिकॉर्ड रखता है। ब्लॉकचेन पर संग्रहीत डेटा को हैक या छेड़छाड़ करना लगभग असंभव है, जिससे यह खाद्य आपूर्ति श्रृंखला में डेटा अखंडता सुनिश्चित करने के लिए एक आदर्श उपकरण है।

खाद्य ट्रेकेबिलिटी और पारदर्शिता के लिए ब्लॉकचेन कैसे काम करता है?

- खाद्य उत्पादन के प्रत्येक चरण को रिकॉर्ड करना: खेत से टेबल तक, खाद्य उत्पादन के प्रत्येक चरण को ब्लॉकचेन पर दर्ज किया जा सकता है। इसमें बीज की उत्पत्ति, फसल की कटाई, प्रसंस्करण, भंडारण, वितरण और बिक्री शामिल हैं।

- डेटा की सुरक्षा और अपरिवर्तनीयता: ब्लॉकचेन पर संग्रहीत डेटा को सुरक्षित और अपरिवर्तनीय बनाया गया है। इसका मतलब यह है कि डेटा को छेड़छाड़ या हटाया नहीं जा सकता है, जिससे उपभोक्ताओं को खाद्य उत्पादों की प्रामाणिकता और उत्पत्ति के बारे में विश्वास दिलाया जाता है।

वास्तविक समय की ट्रैकिंग: ब्लॉकचेन उपभोक्ताओं को खाद्य उत्पादों को वास्तविक समय में ट्रैक करने में सक्षम बनाता है, जिससे उन्हें अपने भोजन के स्रोत और सुरक्षा के बारे में अधिक जानकारी प्राप्त करने में मदद मिलती है।

खाद्य जनित रोगजनकों के प्रकोपों का तेजी से प्रतिक्रिया: यदि खाद्य जनित रोगजनकों का प्रकोप होता है, तो ब्लॉकचेन प्रौद्योगिकी को दूषित खाद्य उत्पादों के स्रोत की पहचान करने और उन्हें जल्दी से हटाने के लिए इस्तेमाल किया जा सकता है।

खाद्य उद्योग में ब्लॉकचेन के लाभ:

खाद्य सुरक्षा में सुधार: खाद्य आपूर्ति श्रृंखला में ब्लॉकचेन के उपयोग से खाद्य जनित रोगों के प्रकोपों का खतरा कम हो सकता है।

उपभोक्ता विश्वास बढ़ाना: ब्लॉकचेन उपभोक्ताओं को खाद्य उत्पादों की प्रामाणिकता और सुरक्षा के बारे में अधिक जानकारी प्रदान करके खाद्य उद्योग में विश्वास बढ़ा सकता है।

दक्षता बढ़ाना: ब्लॉकचेन खाद्य आपूर्ति श्रृंखला को सुव्यवस्थित कर सकता है और दक्षता बढ़ा सकता है, जिससे लागत कम करने और खाद्य उत्पादों को बाजार में तेजी से लाने में मदद मिलती है।

अपशिष्ट को कम करना: ब्लॉकचेन खाद्य उत्पादों की मांग और आपूर्ति के बीच बेहतर मिलान की सुविधा प्रदान करके खाद्य अपशिष्ट को कम करने में मदद कर सकता है।

नवाचार को बढ़ावा देना: ब्लॉकचेन खाद्य उद्योग में नवाचार को बढ़ावा दे सकता है, जिससे नए खाद्य उत्पादों और सेवाओं का विकास हो सकता है।

खाद्य उत्पादन और प्रसंस्करण में रोबोटिक्स और स्वचालन: बेहतर स्वच्छता और सुरक्षा के लिए

खाद्य उत्पादन और प्रसंस्करण में रोबोटिक्स और स्वचालन का उपयोग तेजी से बढ़ रहा है, जिससे खाद्य सुरक्षा और स्वच्छता में सुधार के लिए महत्वपूर्ण अवसर मिल रहे हैं। ये उन्नत तकनीकें मनुष्यों को खतरनाक या दोहराव वाले कार्यों से मुक्त करती हैं, साथ ही यह सुनिश्चित करती हैं कि खाद्य उत्पादन के प्रत्येक चरण में उच्च स्तर की सटीकता और स्थिरता बनी रहे।

रोबोटिक्स और स्वचालन के लाभ:

- बेहतर स्वच्छता: रोबोट स्वच्छता प्रथाओं को बनाए रखने में बेहतर होते हैं, क्योंकि वे मानव श्रमिकों के विपरीत थकान या विचलित नहीं होते हैं। यह खाद्य जनित रोगजनकों के प्रसार को रोकने में मदद करता है और खाद्य सुरक्षा में सुधार करता है।

- कम श्रम लागत: रोबोट और स्वचालित प्रणालियाँ खाद्य उत्पादन और प्रसंस्करण में श्रम लागत को कम कर सकती हैं, जिससे कंपनियों को लागत बचाने और उत्पादकता बढ़ाने में मदद मिलती है।

- कम श्रम दुर्लभता: खाद्य उद्योग में श्रम की कमी एक बढ़ती समस्या है। रोबोटिक्स और स्वचालन श्रमिकों की आवश्यकता को कम करके इस समस्या को दूर करने में मदद कर सकते हैं।

- बेहतर गुणवत्ता नियंत्रण: रोबोटिक्स और स्वचालन मानवीय त्रुटि की संभावना को कम करते हैं, जिससे उत्पाद गुणवत्ता में सुधार होता है। सेंसर और नियंत्रण प्रणाली यह सुनिश्चित कर सकती हैं कि उत्पादों को ठीक से संभाला और संसाधित किया जाए, जिससे खाद्य सुरक्षा बढ़ जाती है।

- खतरनाक कार्यों से मानव श्रमिकों को मुक्त करना: रोबोटिक्स और स्वचालन श्रमिकों को खतरनाक कार्यों, जैसे कि भारी उपकरणों को संचालित करने या विषाक्त पदार्थों के संपर्क में आने से मुक्त कर सकते हैं। इससे कार्यस्थल की सुरक्षा में सुधार होता है और श्रमिकों को होने वाली चोटों को रोका जा सकता है।

रोबोटिक्स और स्वचालन के अनुप्रयोग:

- फसल कटाई और बुवाई: कृषि क्षेत्र में रोबोट का उपयोग फसल कटाई, बुवाई और खरपतवार नियंत्रण के लिए किया जा सकता है। इससे श्रम लागत कम करने और उत्पादकता बढ़ाने में मदद मिल सकती है।

- भोजन काटना, छिलना और पैकेजिंग: खाद्य प्रसंस्करण में, रोबोट का उपयोग भोजन को काटने, छीलने, पैकेजिंग और अन्य कार्यों के लिए किया जा सकता है। यह उत्पादकता बढ़ाता है और खाद्य सुरक्षा में सुधार करता है।

- गुणवत्ता नियंत्रण: रोबोट और स्वचालित प्रणालियों का उपयोग उत्पादों की गुणवत्ता का निरीक्षण करने और मानकों को पूरा नहीं करने वाले उत्पादों को हटाने के लिए किया जा सकता है।

- स्वच्छता और कीटाणुशोधन: रोबोट का उपयोग खाद्य उत्पादन और प्रसंस्करण सुविधाओं को साफ और कीटाणुरहित करने के लिए किया जा सकता है। यह खाद्य जनित रोगजनकों के प्रसार को रोकने में मदद करता है।

रोबोटिक्स और स्वचालन के भविष्य:

खाद्य उत्पादन और प्रसंस्करण में रोबोटिक्स और स्वचालन का उपयोग भविष्य में भी जारी रहने की उम्मीद है। नई तकनीकों के विकास के साथ, रोबोट अधिक लचीले, सटीक और कुशल बनते जा रहे हैं। यह उन्हें खाद्य

उत्पादन और प्रसंस्करण के सभी चरणों में अधिक व्यापक रूप से अपनाने की अनुमति देगा।

उन्नत सेंसर और डेटा विश्लेषण: खाद्य गुणवत्ता और सुरक्षा की वास्तविक समय निगरानी के लिए

खाद्य गुणवत्ता और सुरक्षा सुनिश्चित करना आज की वैश्विक खाद्य प्रणाली के लिए एक सर्वोच्च प्राथमिकता है। उन्नत सेंसर और डेटा विश्लेषण प्रौद्योगिकियां वास्तविक समय में खाद्य गुणवत्ता और सुरक्षा की निगरानी करने के लिए अभूतपूर्व क्षमता प्रदान करते हैं। यह पारंपरिक दृष्टिकोणों की तुलना में अधिक कुशल, प्रभावी और सुरक्षित खाद्य प्रणाली के निर्माण में एक महत्वपूर्ण भूमिका निभा सकता है।

उन्नत सेंसरों की भूमिका:

वास्तविक समय डेटा संग्रह: उन्नत सेंसर भौतिक, रासायनिक और जैविक तत्वों की एक विस्तृत श्रृंखला का पता लगाकर खाद्य पदार्थों के बारे में वास्तविक समय में डेटा एकत्र कर सकते हैं। इसमें तापमान, आर्द्रता, परिपक्वता, जीवाणु उपस्थिति, पोषक तत्व सामग्री और दूषित पदार्थों के स्तर जैसी विशेषताएं शामिल हो सकती हैं।

घनिष्ठ निगरानी: सेंसरों को खाद्य उत्पादन, प्रसंस्करण, भंडारण और परिवहन के दौरान विभिन्न चरणों में तैनात किया जा सकता है। यह खाद्य गुणवत्ता और सुरक्षा को प्रभावित करने वाले कारकों की निरंतर निगरानी की अनुमति देता है।

प्रारंभिक चेतावनी प्रणालियाँ: सेंसर डेटा का विश्लेषण करके खाद्य गुणवत्ता और सुरक्षा के मुद्दों का जल्द पता लगाया जा सकता है। यह प्रारंभिक चेतावनी प्रणालियों के विकास की अनुमति देता है जो खाद्य जनित बीमारी के प्रकोपों और अन्य खतरों को रोकने में मदद कर सकते हैं।

डेटा विश्लेषण की भूमिका:

- मूल्यवान अंतर्दृष्टि प्राप्त करना: सेंसर द्वारा एकत्र किए गए डेटा को विश्लेषणात्मक उपकरणों का उपयोग करके संसाधित किया जा सकता है जो मूल्यवान अंतर्दृष्टि प्रदान करते हैं। इसमें रुझानों की पहचान करना, खाद्य गुणवत्ता और सुरक्षा जोखिमों की भविष्यवाणी करना और निर्णय लेने के लिए डेटा-संचालित दृष्टिकोण को सक्षम बनाना शामिल है।

- खाद्य गुणवत्ता में सुधार: डेटा विश्लेषण से प्राप्त अंतर्दृष्टि का उपयोग खाद्य गुणवत्ता को बेहतर बनाने के लिए प्रक्रियाओं को अनुकूलित करने के लिए किया जा सकता है। उदाहरण के लिए, डेटा का उपयोग यह निर्धारित करने के लिए किया जा सकता है कि खाद्य पदार्थों को कैसे संभाला, संग्रहित और परिवहन किया जाए ताकि ताजगी, पोषण मूल्य और स्वाद को अधिकतम किया जा सके।

- खाद्य सुरक्षा सुनिश्चित करना: डेटा विश्लेषण का उपयोग खाद्य सुरक्षा सुनिश्चित करने के लिए खाद्य आपूर्ति श्रृंखला के सभी चरणों में जोखिमों की पहचान और प्रबंधन के लिए किया जा सकता है। उदाहरण के लिए, डेटा का उपयोग यह निर्धारित करने के लिए किया जा सकता है कि कब खाद्य पदार्थों को दूषित किया गया है और उन्हें जल्दी से बाजार से हटा दिया गया है।

उन्नत सेंसर और डेटा विश्लेषण के लाभ:

- खाद्य जनित बीमारी के प्रकोपों को कम करना: वास्तविक समय की निगरानी और प्रारंभिक चेतावनी प्रणालियों के विकास के माध्यम से, उन्नत सेंसर और डेटा विश्लेषण खाद्य जनित बीमारी के प्रकोपों के जोखिम को कम करने में मदद कर सकते हैं।

- खाद्य अपशिष्ट को कम करना: खाद्य गुणवत्ता को बेहतर बनाने और शेल्फ जीवन को बढ़ाने के लिए खाद्य उत्पादन और भंडारण प्रक्रियाओं के अनुकूलन के माध्यम से, उन्नत सेंसर और डेटा विश्लेषण खाद्य अपशिष्ट को कम करने में मदद कर सकते हैं।

जीन संपादनः खाद्य सुरक्षा बढ़ाने और बीमारी के जोखिम को कम करने की क्षमता

आधुनिक जीव विज्ञान में जीन संपादन एक क्रांतिकारी तकनीक के रूप में उभरी है। यह वैज्ञानिकों को जीवों के जीनोम में सटीक परिवर्तन करने की अनुमति देता है, जिससे उनके लक्षणों को बदलने में मदद मिलती है। खाद्य सुरक्षा और रोग जोखिम को कम करने के लिए जीन संपादन की अपार क्षमता है।

जीन संपादन कैसे काम करता है?

जीन संपादन विभिन्न तकनीकों का उपयोग करता है, जिनमें से सबसे प्रसिद्ध CRISPR-Cas9 है। यह प्रणाली आनुवंशिक कैंची की तरह कार्य करती है, जिससे वैज्ञानिक DNA के विशिष्ट अनुक्रमों को काट सकते हैं और संशोधित कर सकते हैं। यह उन्हें जीन को जोड़ने, हटाने या बदलने में सक्षम बनाता है, जिससे पौधों, जानवरों और सूक्ष्मजीवों के लक्षणों में परिवर्तन हो सकता है।

खाद्य सुरक्षा में सुधार के लिए जीन संपादन का उपयोग:

कीट और रोग प्रतिरोधी फसलों का विकास: जीन संपादन का उपयोग फसलों को कीटों और रोगों के प्रति अधिक प्रतिरोधी बनाने के लिए किया जा सकता है। इससे फसल की पैदावार बढ़ाने और खाद्य सुरक्षा में सुधार करने में मदद मिल सकती है। उदाहरण के लिए, वैज्ञानिकों ने CRISPR का उपयोग करके एक कवक रोग के प्रतिरोधी चावल की एक नई किस्म विकसित की है।

पौष्टिक मूल्य में वृद्धि: जीन संपादन का उपयोग खाद्य पदार्थों के पोषण मूल्य को बढ़ाने के लिए किया जा सकता है। उदाहरण के लिए, वैज्ञानिकों

ने CRISPR का उपयोग करके विटामिन ए से भरपूर गेहूं की एक नई किस्म विकसित की है।

- एलर्जेनिक प्रतिक्रियाओं को कम करना: जीन संपादन का उपयोग खाद्य पदार्थों में एलर्जेनिक प्रोटीन को हटाने के लिए किया जा सकता है, जिससे एलर्जी वाले लोगों के लिए खाद्य सुरक्षा में सुधार होता है। उदाहरण के लिए, वैज्ञानिकों ने CRISPR का उपयोग करके मूंगफली के अंदर एलर्जेनिक प्रोटीन को हटाने के लिए एक विधि विकसित की है।

- खाद्य जनित रोगजनकों को खत्म करना: जीन संपादन का उपयोग खाद्य जनित रोगजनकों, जैसे बैक्टीरिया और वायरस को खत्म करने के लिए किया जा सकता है। यह खाद्य सुरक्षा में सुधार और खाद्य जनित रोगों के प्रसार को रोकने में मदद कर सकता है। उदाहरण के लिए, वैज्ञानिकों ने CRISPR का उपयोग साल्मोनेला बैक्टीरिया को संक्रमित मुर्गे में जीन को संपादित करने के लिए एक विधि विकसित की है।

बीमारी के जोखिम को कम करने के लिए जीन संपादन का उपयोग:

- आनुवंशिक रोगों का इलाज: जीन संपादन का उपयोग आनुवंशिक रोगों के इलाज के लिए किया जा सकता है। यह रोगों के कारण होने वाले जीनों को बदलने या ठीक करके प्राप्त किया जा सकता है। उदाहरण के लिए, वैज्ञानिकों ने CRISPR का उपयोग सिस्टिक फाइब्रोसिस के इलाज के लिए एक संभावित उपचार विकसित करने के लिए किया है।

- संक्रामक रोगों को रोकना: जीन संपादन का उपयोग मच्छरों जैसे रोग वाहकों को संक्रामक रोगों को फैलाने से रोकने के लिए किया जा सकता है। उदाहरण के लिए, वैज्ञानिकों ने CRISPR का उपयोग मच्छरों को मलेरिया के परजीवी के प्रतिरोधी बनाने के लिए एक विधि विकसित की है।

- फसलों में पोषक तत्वों की मात्रा बढ़ाना: जीन संपादन का उपयोग फसलों में पोषक तत्वों की मात्रा बढ़ाने के लिए किया जा सकता है, जिससे

कुपोषण और पोषण संबंधी कमियों को कम करने में मदद मिलती है। उदाहरण के लिए, वैज्ञानिक जीन-संपादित चावल विकसित कर रहे हैं जो बीटा-कैरोटीन में उच्च है, जो विटामिन ए का एक अग्रदूत है।

जानवरों में पोषण मूल्य में सुधार: जीन संपादन का उपयोग जानवरों के पोषण मूल्य को बेहतर बनाने के लिए किया जा सकता है, जिससे लोगों को स्वस्थ आहार का पालन करने में मदद मिलती है। उदाहरण के लिए, वैज्ञानिक जीन-संपादित गायों को विकसित कर रहे हैं जो ओमेगा -3 फैटी एसिड में उच्च दूध का उत्पादन करते हैं।

जीन संपादन से जुड़े जोखिम और चिंताएं:

अप्रत्याशित प्रभाव: जीन संपादन जीनोम में अप्रत्याशित परिवर्तन पैदा कर सकता है, जिससे हानिकारक परिणाम हो सकते हैं।

नैतिक चिंताएं: जीन संपादन जीवित जीवों के जीनोम में हेरफेर करता है, जिससे नैतिक चिंताएं पैदा होती हैं।

नियामक अनिश्चितता: जीन संपादन तकनीक अभी भी विकास के अपने प्रारंभिक चरण में है, और इसके उपयोग को विनियमित करने के लिए एक स्पष्ट नियामक ढांचा नहीं है।

जीन संपादन के भविष्य:

जीन संपादन खाद्य सुरक्षा और पोषण में क्रांति लाने की क्षमता रखता है। हालांकि, जोखिमों और चिंताओं को सावधानीपूर्वक विचार करने और संबोधित करने की आवश्यकता है।

Chapter 3: Sustainable Practices for Safe Agriculture:

अध्याय 3: सुरक्षित कृषि के लिए टिकाऊ अभ्यास

पुनर्जीवन कृषि: मिट्टी स्वास्थ्य, खाद्य गुणवत्ता, और पर्यावरणीय स्थिरता के लिए इसके लाभ

पुनर्जीवन कृषि एक ऐसी कृषि पद्धति है जो मिट्टी के स्वास्थ्य, खाद्य गुणवत्ता और पर्यावरणीय स्थिरता को बढ़ाने पर केंद्रित है। यह पारंपरिक कृषि पद्धतियों से अलग है जो अक्सर रासायनिक उर्वरकों और कीटनाशकों पर निर्भर करती हैं और मिट्टी के क्षरण और पर्यावरण प्रदूषण में योगदान कर सकती हैं। पुनर्जीवन कृषि के कई लाभ हैं, जिनमें शामिल हैं:

1. मिट्टी स्वास्थ्य में सुधार:

- कार्बनिक पदार्थ का निर्माण: पुनर्जीवन कृषि प्रथाओं, जैसे कि कवर फसल, खाद का उपयोग और कम मृदा जुताई, मिट्टी में कार्बनिक पदार्थ के स्तर को बढ़ाती हैं। कार्बनिक पदार्थ मिट्टी की संरचना में सुधार करता है, जल धारण क्षमता बढ़ाता है और पोषक तत्वों की उपलब्धता बढ़ाता है।

- जीव विविधता में वृद्धि: पुनर्जीवन कृषि मिट्टी में सूक्ष्मजीवों और अन्य जीवों की आबादी को बढ़ाती है। ये जीव मिट्टी की संरचना में सुधार करने, पोषक तत्वों को चक्रित करने और रोगजनकों को नियंत्रित करने में महत्वपूर्ण भूमिका निभाते हैं।

मृदा अपरदन में कमी: पुनर्जीवन कृषि प्रथाएं मिट्टी की सतह को ढकने में मदद करती हैं, जिससे मिट्टी का कटाव कम होता है। इससे मिट्टी के स्वास्थ्य में सुधार होता है और जलमार्गों में प्रदूषण कम होता है।

2. खाद्य गुणवत्ता में सुधार:

पोषक तत्व घनत्व में वृद्धि: पुनर्जीवन कृषि पद्धतियों से उत्पादित खाद्य पदार्थों में पारंपरिक कृषि पद्धतियों से उत्पादित खाद्य पदार्थों की तुलना में अधिक पोषक तत्व होते हैं। यह मिट्टी के स्वास्थ्य में सुधार और पौधों को पोषक तत्वों को अधिक कुशलता से अवशोषित करने में सक्षम बनाने के कारण है।

बेहतर स्वाद और बनावट: पुनर्जीवन कृषि से उत्पादित खाद्य पदार्थों में अक्सर बेहतर स्वाद और बनावट होती है। यह कार्बनिक पदार्थों से भरपूर मिट्टी में पौधों को उगाने के परिणामस्वरूप हो सकता है।

रसायनों का कम अवशेष: पुनर्जीवन कृषि कीटनाशकों और उर्वरकों पर कम निर्भर करती है, जिसके परिणामस्वरूप खाद्य पदार्थों में रसायनों का स्तर कम होता है। यह उपभोक्ताओं को स्वस्थ और सुरक्षित भोजन खाने में सक्षम बनाता है।

3. पर्यावरणीय स्थिरता में सुधार:

कार्बन अनुक्रम: पुनर्जीवन कृषि वायुमंडल से कार्बन डाइऑक्साइड को अवशोषित करने और मिट्टी में कार्बन के रूप में संग्रहीत करने में मदद करती है। इससे जलवायु परिवर्तन के प्रभावों को कम करने में मदद मिलती है।

जल संरक्षण: पुनर्जीवन कृषि प्रथाएं जल संरक्षण में सुधार करती हैं। मिट्टी में कार्बनिक पदार्थों का बढ़ा हुआ स्तर जल धारण क्षमता को बढ़ाता है, जिससे पौधों को कम पानी की आवश्यकता होती है।

- प्रदूषण में कमी: पुनर्जीवन कृषि रासायनिक उर्वरकों और कीटनाशकों के उपयोग को कम करती है, जिससे जलमार्गों और वायुमंडल में प्रदूषण कम होता है।

जैविक खेती: खाद्य सुरक्षा को बढ़ाते हुए कीटनाशक अवशेषों को कम करने में इसका योगदान

जैविक खेती एक कृषि पद्धति है जो प्राकृतिक प्रक्रियाओं पर आधारित है और रासायनिक कीटनाशकों, सिंथेटिक उर्वरकों और आनुवंशिक रूप से संशोधित जीवों (जीएमओ) के उपयोग से बचती है। यह पर्यावरण के अनुकूल और टिकाऊ कृषि का एक रूप है जो खाद्य सुरक्षा बढ़ाने और कीटनाशक अवशेषों को कम करने में महत्वपूर्ण भूमिका निभाता है।

कीटनाशक अवशेषों को कम करने में जैविक खेती का योगदान:

रासायनिक कीटनाशकों का कोई उपयोग नहीं: जैविक खेती रासायनिक कीटनाशकों के उपयोग को प्रतिबंधित करती है। इसका मतलब है कि खाद्य पदार्थों में कीटनाशक अवशेषों का स्तर कम या गैर-मौजूद है। यह उपभोक्ताओं को स्वस्थ और सुरक्षित भोजन खाने में सक्षम बनाता है।

कीट नियंत्रण के प्राकृतिक तरीकों का उपयोग: जैविक खेती कीट नियंत्रण के प्राकृतिक तरीकों, जैसे कि लाभकारी कीटों को आकर्षित करने, फसल रोटेशन और जैविक कीटनाशकों का उपयोग करती है। ये तरीके रासायनिक कीटनाशकों की तुलना में पर्यावरण के अनुकूल और कम हानिकारक हैं।

खाद्य सुरक्षा मानकों का पालन: जैविक उत्पादों को सख्त खाद्य सुरक्षा मानकों को पूरा करना चाहिए। इसमें खाद्य पदार्थों में रासायनिक कीटनाशक अवशेषों के स्तर को सीमित करना शामिल है।

खाद्य सुरक्षा बढ़ाने में जैविक खेती का योगदान:

खाद्य जनित बीमारी का कम जोखिम: रासायनिक कीटनाशक अवशेषों के संपर्क में आने से खाद्य जनित बीमारी का खतरा बढ़ सकता है। जैविक

खाद्य पदार्थों में कीटनाशक अवशेषों का स्तर कम होने से खाद्य जनित बीमारी का खतरा कम हो जाता है।

- एंटीबायोटिक प्रतिरोध का कम जोखिम: रासायनिक कीटनाशकों का उपयोग एंटीबायोटिक प्रतिरोध के विकास में योगदान कर सकता है। जैविक खेती एंटीबायोटिक प्रतिरोध के जोखिम को कम करने में मदद करती है।

- खाद्य पदार्थों का उच्च पोषण मूल्य: जैविक खाद्य पदार्थों में पारंपरिक खाद्य पदार्थों की तुलना में अधिक एंटीऑक्सिडेंट और अन्य पोषक तत्व हो सकते हैं। यह बेहतर स्वास्थ्य और कल्याण में योगदान कर सकता है।

जैविक खेती के अन्य लाभ:

- पर्यावरण की रक्षा: जैविक खेती पर्यावरण को नुकसान पहुंचाने वाले रासायनिक कीटनाशकों और उर्वरकों के उपयोग से बचती है। इससे मिट्टी, जल और वायु की गुणवत्ता में सुधार होता है।

- जैव विविधता का संरक्षण: जैविक खेती प्राकृतिक पारिस्थितिकी तंत्र का समर्थन करती है और जैव विविधता को बढ़ावा देती है।

- कृषि श्रमिकों के लिए सुरक्षित कार्य वातावरण: जैविक खेती कृषि श्रमिकों को खतरनाक रासायनिक कीटनाशकों के संपर्क से बचाती है। इससे बेहतर कार्यस्थल सुरक्षा में योगदान होता है।

जैविक खेती को अपनाने की चुनौतियाँ:

- उपज में कमी: जैविक फसलों की उपज पारंपरिक फसलों की तुलना में थोड़ी कम हो सकती है।

- उच्च लागत: जैविक खाद्य पदार्थ पारंपरिक खाद्य पदार्थों की तुलना में थोड़े अधिक महंगे हो सकते हैं।

- बाजार की पहुंच सीमित: जैविक खाद्य पदार्थ हमेशा उपभोक्ताओं के लिए आसानी से उपलब्ध नहीं होते हैं।

कृषि-पारिस्थितिकी दृष्टिकोण: कीट और रोग नियंत्रण और जैव विविधता को बढ़ावा देने के लिए

कृषि उद्योग आज कई चुनौतियों का सामना कर रहा है, जिसमें कीट और रोग का प्रकोप, पर्यावरणीय क्षरण और जैव विविधता का नुकसान शामिल है। इन चुनौतियों को पार करने के लिए, पारंपरिक कृषि प्रथाओं से एक बदलाव की आवश्यकता है। कृषि-पारिस्थितिकी दृष्टिकोण एक ऐसा विकल्प है जो प्राकृतिक पारिस्थितिक तंत्र की नकल करके कीट और रोग नियंत्रण को बढ़ावा देने और जैव विविधता को बढ़ाने में मदद कर सकता है।

कृषि-पारिस्थितिकी दृष्टिकोण क्या है?

कृषि-पारिस्थितिकी एक विज्ञान-आधारित दृष्टिकोण है जो पारिस्थितिक सिद्धांतों को कृषि उत्पादन में लागू करता है। इसका लक्ष्य उत्पादकता बढ़ाना, पर्यावरण को संरक्षित करना और जैव विविधता को बढ़ावा देना है। यह पारंपरिक कृषि प्रथाओं से इस मायने में अलग है कि यह रासायनिक कीटनाशकों और उर्वरकों के अत्यधिक उपयोग पर निर्भर नहीं करता है, बल्कि प्राकृतिक प्रक्रियाओं और स्व-नियमन तंत्र का लाभ उठाता है।

कीट और रोग नियंत्रण के लिए कृषि-पारिस्थितिकी के दृष्टिकोण:

- फसल विविधता: कृषि-पारिस्थितिकी का एक प्रमुख सिद्धांत फसल विविधता है। विभिन्न प्रकार की फसलों को एक साथ उगाने से कीटों और रोगजनकों के लिए एक अनुकूल वातावरण बनता है। यह फसलों को कीटों और रोगों के प्रति अधिक प्रतिरोधी बना सकता है।

- लाभकारी कीटों को आकर्षित करना: कृषि-पारिस्थितिकी कीटों को नियंत्रित करने के लिए लाभकारी कीटों को आकर्षित करने के लिए

विभिन्न तरीकों का उपयोग करती है। उदाहरण के लिए, फूलों वाली पौधे लगाना परजीवी ततैया और लेडीबग्स को आकर्षित कर सकता है, जो कीटों को खा जाते हैं।

कवर फसलों का उपयोग: कवर फसलों को खेतों में खाली मौसम के दौरान मिट्टी को ढकने के लिए लगाया जाता है। वे मिट्टी के पोषण को बढ़ाने, मिट्टी के क्षरण को रोकने और लाभकारी कीटों के लिए आवास प्रदान करने में मदद करते हैं।

जैविक कीटनाशकों का उपयोग: कृषि-पारिस्थितिकी प्राकृतिक रूप से पाए जाने वाले पदार्थों से बने जैविक कीटनाशकों के उपयोग को बढ़ावा देती है। ये कीटनाशकों रासायनिक कीटनाशकों की तुलना में पर्यावरण के अनुकूल और कम हानिकारक होते हैं।

जैव विविधता को बढ़ावा देने के लिए कृषि-पारिस्थितिकी के दृष्टिकोण:

खेतों में प्राकृतिक आवास का संरक्षण: खेतों में प्राकृतिक आवास, जैसे कि हेडगर्ल और वुडलैंड, विभिन्न प्रकार के पौधों और जानवरों के लिए आश्रय प्रदान करते हैं। यह जैव विविधता को बढ़ावा देने और पारिस्थितिक तंत्र की सेवाओं को बढ़ाने में मदद करता है।

स्थानीय किस्मों का उपयोग: कृषि-पारिस्थितिकी स्थानीय रूप से अनुकूलित किस्मों के उपयोग को बढ़ावा देती है। ये किस्में अक्सर पारंपरिक किस्मों की तुलना में अधिक रोग प्रतिरोधी और स्थानीय जलवायु और मिट्टी की स्थिति के लिए बेहतर रूप से अनुकूल होती हैं।

एकीकृत कीट प्रबंधन (IPM) रणनीतियाँ: कीटनाशक के उपयोग को कम करने और खाद्य सुरक्षा पर इसके प्रभाव को कम करने के लिए

खाद्य उत्पादन में कीट एक बड़ी चुनौती है, जिससे दुनिया भर में फसल के नुकसान का एक महत्वपूर्ण हिस्सा होता है। पारंपरिक रूप से, कीटों को नियंत्रित करने के लिए रासायनिक कीटनाशकों का व्यापक रूप से उपयोग किया गया है। हालांकि, इन रसायनों के उपयोग से कई समस्याएं पैदा हुई हैं, जिनमें शामिल हैं:

- पर्यावरणीय क्षति: रासायनिक कीटनाशक मिट्टी, जल और वायु को प्रदूषित कर सकते हैं। वे हानिकारक कीटों के साथ-साथ लाभकारी कीटों को भी मार सकते हैं, जिससे पारिस्थितिक तंत्र का नुकसान होता है।

- मानव स्वास्थ्य पर जोखिम: रासायनिक कीटनाशकों के संपर्क में आने से किसानों और उपभोक्ताओं दोनों के लिए स्वास्थ्य संबंधी समस्याएं हो सकती हैं, जिनमें कैंसर, जन्म दोष और तंत्रिका संबंधी विकार शामिल हैं।

- कीटनाशक प्रतिरोध: कीट समय के साथ कीटनाशकों के प्रतिरोधी बन सकते हैं, जिससे उन्हें नियंत्रित करना अधिक कठिन हो जाता है।

इन समस्याओं को दूर करने के लिए, एकीकृत कीट प्रबंधन (IPM) नामक एक वैकल्पिक दृष्टिकोण विकसित किया गया है। IPM एक पारिस्थितिक रूप से आधारित कीट प्रबंधन रणनीति है जो कीटनाशक के उपयोग को कम करने और खाद्य सुरक्षा को बढ़ावा देने पर केंद्रित है।

IPM के सिद्धांत:

- निवारक उपायों पर जोर: IPM रोकथाम के सिद्धांत पर आधारित है। इसका मतलब है कि कीटों को पनपने से रोकने के लिए उपाय किए जाते हैं, जैसे कि फसलों के बीच में घूमना, फसल के अवशेषों को नष्ट करना और खेतों के आसपास प्राकृतिक आवास को बनाए रखना।

निगरानी और निर्णय लेने: IPM में कीटों के स्तर की निगरानी और केवल आवश्यक होने पर ही कीटनाशकों का उपयोग करना शामिल है। यह सुनिश्चित करता है कि कीटनाशकों का उपयोग केवल तभी किया जाता है जब वे वास्तव में आवश्यक हों और कीटों के आर्थिक स्तर से अधिक हो।

कीटनाशकों का विवेकपूर्ण उपयोग: जब कीटनाशक का उपयोग आवश्यक होता है, तो IPM कम से कम विषाक्त और पर्यावरण के अनुकूल विकल्पों को चुनने और उन्हें लेबल निर्देशों के अनुसार लागू करने पर जोर देता है।

लाभकारी कीटों का संरक्षण: IPM लाभकारी कीटों को संरक्षित करने और बढ़ावा देने के तरीकों को शामिल करता है जो हानिकारक कीटों को नियंत्रित करने में मदद कर सकते हैं। उदाहरण के लिए, खेतों में फूलों वाले पौधे लगाने से परजीवी ततैया और लेडीबग्स को आकर्षित किया जा सकता है, जो कीटों को खा जाते हैं।

IPM के लाभ:

खाद्य सुरक्षा में सुधार: IPM खाद्य सुरक्षा में सुधार करता है क्योंकि यह कीटनाशक के उपयोग को कम करता है, जिससे खाद्य पदार्थों में रासायनिक अवशेषों का स्तर कम हो जाता है।

पर्यावरण की रक्षा: IPM पर्यावरण की रक्षा करता है क्योंकि यह रासायनिक कीटनाशकों के उपयोग को कम करता है, जो मिट्टी, जल और वायु को प्रदूषित कर सकते हैं।

मानव स्वास्थ्य की रक्षा: IPM मानव स्वास्थ्य की रक्षा करता है क्योंकि यह रासायनिक कीटनाशकों के उपयोग को कम करता है, जिससे किसानों और उपभोक्ताओं दोनों के लिए स्वास्थ्य जोखिम कम होता है।

कृषि अपशिष्ट प्रबंधन और संसाधन पुनर्प्राप्ति में लागू किए गए परिपत्र अर्थव्यवस्था सिद्धांत

कृषि एक महत्वपूर्ण आर्थिक क्षेत्र है, लेकिन यह अपशिष्ट की एक बड़ी मात्रा भी उत्पन्न करता है। फसल अवशेष, पशुधन अपशिष्ट, और खाद्य अपशिष्ट सभी संभावित संसाधन हैं जिन्हें परिपत्र अर्थव्यवस्था (सीई) सिद्धांतों को लागू करके पुनर्नवीनीकरण और पुन: उपयोग किया जा सकता है।

परिपत्र अर्थव्यवस्था क्या है?

सीई एक आर्थिक मॉडल है जो पारंपरिक "ले-मेक-डिस्पोज" अर्थव्यवस्था से दूर एक बंद-लूप प्रणाली की ओर स्थानांतरित करने का प्रयास करता है। सीई का लक्ष्य उत्पादों और सामग्रियों को यथासंभव लंबे समय तक उपयोग में रखना और कचरे को कम से कम करना है।

सीई सिद्धांतों को कृषि अपशिष्ट प्रबंधन में कैसे लागू किया जा सकता है?

- अपशिष्ट को संसाधन के रूप में देखना: सीई का पहला सिद्धांत यह है कि अपशिष्ट को एक समस्या के बजाय एक संसाधन के रूप में देखा जाना चाहिए। कृषि में, इसका मतलब है कि अपशिष्ट सामग्री जैसे फसल अवशेषों, पशुधन के अपशिष्ट और खाद्य अपशिष्ट को नए उत्पादों में बनाया जा सकता है या मिट्टी को पुनर्जीवित करने के लिए उपयोग किया जा सकता है।

- डिजाइन सोच का उपयोग करना: सीई का दूसरा सिद्धांत यह है कि अपशिष्ट को कम करने के लिए उत्पादों और प्रक्रियाओं को डिजाइन करते समय डिजाइन सोच का उपयोग करना महत्वपूर्ण है। कृषि में, इसका मतलब है कि फसलों को इस तरह से उगाना है जिससे कम से कम अपशिष्ट हो, जैसे कि किस्मों का चयन करना जो अवशेषों का कम

उत्पादन करते हैं या पशुधन को इस तरह से खिलाना है जिससे कम से कम खाद्य अपशिष्ट हो।

लंबे समय तक चलने वाले उत्पादों का निर्माण: सीई का तीसरा सिद्धांत यह है कि उत्पादों को लंबे समय तक चलने और मरम्मत, रखरखाव और अपग्रेड के लिए डिजाइन किया जाना चाहिए। कृषि में, इसका मतलब है कि कठिन उपकरण और मशीनरी का उपयोग करना जो लंबे समय तक चलने के लिए बनी हों और जिन्हें जरूरत पड़ने पर आसानी से मरम्मत या अपग्रेड किया जा सके।

बंद लूप प्रणालियों का निर्माण: सीई का चौथा सिद्धांत यह है कि बंद लूप प्रणालियों का निर्माण करना महत्वपूर्ण है जहां अपशिष्ट को एक उत्पादन प्रक्रिया से दूसरे में उपयोग किया जाता है। कृषि में, इसका मतलब है कि पशुधन के अपशिष्ट को खाद बनाने और खेतों को उर्वरित करने के लिए इस्तेमाल किया जा सकता है, और फसल के अवशेषों को बायोगैस बनाने के लिए इस्तेमाल किया जा सकता है, जो बिजली उत्पन्न कर सकता है।

सहयोग को बढ़ावा देना: सीई का पांचवां सिद्धांत यह है कि सहयोग को बढ़ावा देना महत्वपूर्ण है ताकि विभिन्न हितधारक संसाधनों को साझा कर सकें और अपशिष्ट को कम कर सकें। कृषि में, इसका मतलब है कि किसानों, खाद्य प्रोसेसरों, और अन्य हितधारकों के बीच साझेदारी का निर्माण करना ताकि अपशिष्ट को एक दूसरे के संसाधनों के रूप में उपयोग किया जा सके।

सीई कृषि अपशिष्ट प्रबंधन के लिए फायदे:

कम अपशिष्ट: सीई अपशिष्ट की मात्रा को कम करने में मदद करता है जो लैंडफिल में समाप्त होता है, जिससे पर्यावरण पर नकारात्मक प्रभाव कम होता है।

- संसाधनों का संरक्षण: सीई संसाधनों के संरक्षण में मदद करता है, जैसे कि पानी, ऊर्जा और कच्चे माल।

- संसाधनों का संरक्षण: सीई संसाधनों के संरक्षण में मदद करता है, जैसे कि पानी, ऊर्जा और कच्चे माल।

Chapter 4: Regulatory Frameworks and Policy Challenges:

अध्याय 4: नियामक ढांचे और नीतिगत चुनौतियां

अंतर्राष्ट्रीय संगठनों और राष्ट्रीय सरकारों की खाद्य सुरक्षा मानक स्थापित करने में भूमिका

खाद्य सुरक्षा एक वैश्विक चिंता है और यह सुनिश्चित करना कि भोजन सुरक्षित है, खाद्य जनित बीमारी के प्रकोप को रोकने और सार्वजनिक स्वास्थ्य की रक्षा करने के लिए महत्वपूर्ण है। अंतर्राष्ट्रीय संगठन और राष्ट्रीय सरकारें खाद्य सुरक्षा मानकों को स्थापित करने में महत्वपूर्ण भूमिका निभाते हैं, जो खाद्य उत्पादन, प्रसंस्करण, भंडारण और वितरण के सभी चरणों में लागू होते हैं।

अंतर्राष्ट्रीय संगठनों की भूमिका:

मानक निर्धारण: खाद्य सुरक्षा के लिए अंतर्राष्ट्रीय मानक विकसित करने के लिए अंतर्राष्ट्रीय खाद्य सुरक्षा प्राधिकरण (एफएसएफए) की जिम्मेदारी है। ये मानक वैज्ञानिक साक्ष्य पर आधारित हैं और खाद्य सुरक्षा जोखिमों को कम करने के लिए अंतरराष्ट्रीय स्तर पर अपनाने के लिए देशों की सिफारिश की जाती है।

सहायता और क्षमता निर्माण: अंतर्राष्ट्रीय संगठन, जैसे कि विश्व स्वास्थ्य संगठन (डब्ल्यूएचओ) और खाद्य और कृषि संगठन (एफएओ), विभिन्न देशों को खाद्य सुरक्षा प्रणालियों को मजबूत करने में सहायता प्रदान करते हैं। इसमें तकनीकी सहायता, प्रशिक्षण और क्षमता निर्माण कार्यक्रम शामिल हैं।

- जानकारी साझा करना: अंतर्राष्ट्रीय संगठन खाद्य सुरक्षा संबंधी सूचनाओं को साझा करने और खाद्य जनित बीमारी के प्रकोपों के बारे में देशों को सतर्क करने में एक महत्वपूर्ण भूमिका निभाते हैं। यह शीघ्र कार्रवाई करने और प्रकोपों को फैलने से रोकने में मदद करता है।

राष्ट्रीय सरकारों की भूमिका:

- राष्ट्रीय खाद्य सुरक्षा कानून और विनियम: राष्ट्रीय सरकारें कानून और विनियम लागू करने के लिए जिम्मेदार हैं जो खाद्य सुरक्षा मानकों को पूरा करती हैं। ये कानून खाद्य उत्पादन, प्रसंस्करण, भंडारण और वितरण के सभी चरणों को कवर करते हैं।

- निरीक्षण और प्रवर्तन: राष्ट्रीय सरकारों को खाद्य उत्पादन और प्रसंस्करण सुविधाओं का निरीक्षण करने और यह सुनिश्चित करने के लिए जिम्मेदार है कि वे खाद्य सुरक्षा मानकों का पालन करते हैं। किसी भी उल्लंघन के लिए दंड दिया जाना चाहिए।

- जोखिम मूल्यांकन और प्रबंधन: राष्ट्रीय सरकारों को खाद्य जनित बीमारी के जोखिमों का आकलन करने और उनके प्रबंधन के लिए योजनाएं विकसित करने की आवश्यकता है। इसमें प्रकोपों का पता लगाने, उन पर प्रतिक्रिया देने और उन्हें नियंत्रित करने के लिए प्रणालियों का विकास शामिल है।

- उपभोक्ता शिक्षा: राष्ट्रीय सरकारों को उपभोक्ताओं को खाद्य सुरक्षा के बारे में शिक्षित करने की आवश्यकता है, जिसमें खाद्य जनित बीमारी के जोखिम को कम करने के लिए सुरक्षित खाद्य हैंडलिंग प्रथाओं को शामिल किया गया है।

खाद्य सुरक्षा मानकों को निर्धारित करने में अंतरराष्ट्रीय संगठनों और राष्ट्रीय सरकारों के बीच सहयोग:

खाद्य सुरक्षा सुनिश्चित करना एक साझा जिम्मेदारी है और इसके लिए अंतरराष्ट्रीय संगठनों और राष्ट्रीय सरकारों के बीच प्रभावी सहयोग की आवश्यकता है। यह सहयोग मानकों को निर्धारित करने, सूचना साझा करने और क्षमता निर्माण प्रयासों में सहयोग करने से प्राप्त किया जा सकता है।

विभिन्न देशों और क्षेत्रों में खाद्य सुरक्षा नियमों के सामंजस्य में चुनौतियाँ

खाद्य सुरक्षा एक वैश्विक मुद्दा है और यह सुनिश्चित करना कि सभी के पास सुरक्षित और पौष्टिक भोजन तक पहुंच है, सार्वजनिक स्वास्थ्य की रक्षा करने और टिकाऊ विकास को बढ़ावा देने के लिए महत्वपूर्ण है। हालांकि, विभिन्न देशों और क्षेत्रों में खाद्य सुरक्षा नियमों को सामंजस्य बनाने में कई चुनौतियां हैं, जिससे अंतर्राष्ट्रीय व्यापार को बाधित किया जा सकता है और उपभोक्ताओं की सुरक्षा को जोखिम में डाल सकता है।

चुनौतियों का अवलोकन:

- भिन्न प्राथमिकताएँ और सांस्कृतिक मूल्य: विभिन्न देशों में खाद्य सुरक्षा के संबंध में अलग-अलग प्राथमिकताएँ और सांस्कृतिक मूल्य हो सकते हैं। उदाहरण के लिए, कुछ देश खाद्य जनित बीमारी के जोखिम को कम करने पर अधिक ध्यान केंद्रित कर सकते हैं, जबकि अन्य खाद्य धोखाधड़ी को रोकने या खाद्य सुरक्षा को बनाए रखने पर अधिक ध्यान केंद्रित कर सकते हैं।

- विभिन्न वैज्ञानिक आधार: खाद्य सुरक्षा नियमों को अक्सर वैज्ञानिक साक्ष्य पर आधारित होना चाहिए। हालांकि, विभिन्न देशों में वैज्ञानिक अनुसंधान और जोखिम आकलन के विभिन्न स्तर हो सकते हैं। यह विभिन्न देशों में भिन्न खाद्य सुरक्षा नियमों को जन्म दे सकता है।

- व्यापारिक हितों का टकराव: विभिन्न देशों में अलग-अलग हितधारक हो सकते हैं, जिनमें किसान, खाद्य उद्योग, और उपभोक्ता शामिल हैं। इन हितधारकों के खाद्य सुरक्षा नियमों के बारे में अलग-अलग विचार हो सकते हैं, जिससे सामंजस्य को और अधिक जटिल बना दिया जा सकता है।

- संस्थागत क्षमता की कमी: कुछ देशों में खाद्य सुरक्षा प्रणालियों को लागू करने के लिए आवश्यक संस्थागत क्षमता की कमी हो सकती है। इसमें धन, प्रशिक्षित कर्मियों और बुनियादी ढांचे की कमी शामिल हो सकती है।

- राष्ट्रीय संप्रभुता: कुछ देश अपनी खाद्य सुरक्षा प्रणालियों के नियंत्रण को बनाए रखना चाहते हैं और अंतरराष्ट्रीय नियमों को अपनाने में अनिच्छुक हो सकते हैं।

चुनौतियों को दूर करने के प्रयास:

खाद्य सुरक्षा नियमों के सामंजस्य में चुनौतियों को दूर करने के लिए कई प्रयास किए जा रहे हैं। इनमें शामिल हैं:

- ** अंतर्राष्ट्रीय संगठनों का कार्य:** खाद्य और कृषि संगठन (एफएओ), विश्व स्वास्थ्य संगठन (डब्ल्यूएचओ), और अंतर्राष्ट्रीय खाद्य सुरक्षा प्राधिकरण (एफएसएफए) जैसे अंतर्राष्ट्रीय संगठन खाद्य सुरक्षा मानकों को विकसित करने और सामंजस्य को बढ़ावा देने में महत्वपूर्ण भूमिका निभाते हैं।

- ** क्षेत्रीय सहयोग:** क्षेत्रीय संगठन, जैसे यूरोपीय संघ, भी खाद्य सुरक्षा नियमों के सामंजस्य को बढ़ावा देने के लिए काम कर रहे हैं।

- ** सूचना साझा करना:** खाद्य सुरक्षा संबंधी जानकारी को साझा करने से विभिन्न देशों को अनुभवों को साझा करने और सीखने में मदद मिल सकती है।

- ** क्षमता निर्माण:** तकनीकी सहायता और प्रशिक्षण प्रदान करने से देशों को अपनी खाद्य सुरक्षा प्रणालियों को मजबूत करने में मदद मिल सकती है।

- ** निजी क्षेत्र की भागीदारी:** निजी क्षेत्र को खाद्य सुरक्षा मानकों के विकास और कार्यान्वयन में शामिल किया जाना चाहिए।

किसानों और खाद्य संचालकों के लिए सुरक्षित कृषि पद्धतियों पर क्षमता निर्माण और प्रशिक्षण की आवश्यकता

आज दुनिया को खाद्य सुरक्षा सुनिश्चित करने के लिए एक बड़ी चुनौती का सामना करना पड़ रहा है। खाद्य जनित बीमारियों का प्रकोप, खाद्य धोखाधड़ी और खाद्य प्रदूषण जैसी समस्याएं बढ़ रही हैं। इन समस्याओं को दूर करने और सुरक्षित भोजन का उत्पादन और आपूर्ति करने के लिए किसानों और खाद्य संचालकों का क्षमता निर्माण और प्रशिक्षण आवश्यक है।

किसानों और खाद्य संचालकों के लिए क्षमता निर्माण और प्रशिक्षण की आवश्यकता क्यों है?

- खाद्य जनित बीमारियों को रोकना: खाद्य जनित बीमारियों के अधिकांश मामले खाद्य उत्पादन और प्रसंस्करण के दौरान खाद्य सुरक्षा मानकों का पालन न करने के कारण होते हैं। किसानों और खाद्य संचालकों को खाद्य जनित बीमारी के जोखिमों, रोकथाम के उपायों और खाद्य सुरक्षा प्रथाओं के बारे में प्रशिक्षित किया जाना चाहिए।

- खाद्य धोखाधड़ी को कम करना: खाद्य धोखाधड़ी एक बढ़ती हुई समस्या है जो उपभोक्ताओं को जोखिम में डालती है और उद्योग को नुकसान पहुंचाती है। किसानों और खाद्य संचालकों को खाद्य धोखाधड़ी के बारे में जागरूक होना चाहिए और रोकथाम के उपायों को लागू करने में सक्षम होना चाहिए।

- खाद्य प्रदूषण को कम करना: रासायनिक, जैविक और भौतिक खतरे खाद्य आपूर्ति को दूषित कर सकते हैं। किसानों और खाद्य संचालकों को इन खतरों के बारे में पता होना चाहिए और उन्हें कम करने के उपाय करने चाहिए।

उत्पादकता में वृद्धि: सुरक्षित कृषि पद्धतियों का पालन करने से उत्पादकता में वृद्धि हो सकती है, कचरे को कम किया जा सकता है और लागत बचाई जा सकती है।

** उपभोक्ता विश्वास को बढ़ावा देना:** उपभोक्ता खाद्य सुरक्षा के बारे में अधिक जागरूक होते जा रहे हैं। किसानों और खाद्य संचालकों को सुरक्षित कृषि पद्धतियों का पालन करके उपभोक्ता विश्वास को बढ़ावा देना चाहिए।

क्षमता निर्माण और प्रशिक्षण के तरीके:

प्रशिक्षण कार्यक्रम: किसानों और खाद्य संचालकों को खाद्य सुरक्षा मानकों, रोकथाम के उपायों और सर्वोत्तम प्रथाओं के बारे में प्रशिक्षित करने के लिए विभिन्न प्रकार के प्रशिक्षण कार्यक्रम आयोजित किए जा सकते हैं।

प्रदर्शन खेतों और संसाधन केंद्रों की स्थापना: प्रदर्शन खेतों और संसाधन केंद्रों को किसानों को सुरक्षित कृषि पद्धतियों का प्रदर्शन करने और जानकारी और सलाह प्राप्त करने के लिए स्थान प्रदान किया जा सकता है।

सूचना प्रसार सामग्री का विकास: किसानों और खाद्य संचालकों को खाद्य सुरक्षा के बारे में जानकारी प्रदान करने के लिए सूचना प्रसार सामग्री, जैसे कि पोस्टर, ब्रोशर और वीडियो विकसित किए जा सकते हैं।

किसान संगठनों और खाद्य उद्योग संघों के साथ साझेदारी: किसान संगठनों और खाद्य उद्योग संघों के साथ साझेदारी करके क्षमता निर्माण और प्रशिक्षण कार्यक्रमों को और अधिक प्रभावी ढंग से लागू किया जा सकता है।

प्रोत्साहन और पुरस्कार कार्यक्रम: किसानों और खाद्य संचालकों को सुरक्षित कृषि पद्धतियों को अपनाने के लिए प्रोत्साहित करने के लिए प्रोत्साहन और पुरस्कार कार्यक्रम स्थापित किए जा सकते हैं।

खाद्य सुरक्षा अनुसंधान और विकास को बढ़ावा देने में सार्वजनिक-निजी भागीदारी की भूमिका

खाद्य सुरक्षा एक जटिल और बहुआयामी चुनौती है जिसके लिए विभिन्न हितधारकों के बीच सहयोग की आवश्यकता है। सार्वजनिक-निजी भागीदारी (PPP) सरकार, निजी क्षेत्र, और अन्य संगठनों के बीच सहयोग के लिए एक प्रभावी मॉडल है जो खाद्य सुरक्षा अनुसंधान और विकास (R&D) को आगे बढ़ा सकता है।

सार्वजनिक-निजी भागीदारी क्या है?

एक सार्वजनिक-निजी भागीदारी (PPP) एक समझौता है जिसमें सरकार और निजी क्षेत्र एक परियोजना या पहल को पूरा करने के लिए संसाधनों और विशेषज्ञता को साझा करते हैं। पीपीपी विभिन्न प्रकार के रूप ले सकते हैं, जिसमें संयुक्त उद्यम, अनुबंध अनुसंधान और विकास, और सार्वजनिक-निजी अनुदान कार्यक्रम शामिल हैं।

खाद्य सुरक्षा अनुसंधान और विकास में पीपीपी की भूमिका:

- नवाचार को बढ़ावा देना: पीपीपी नए खाद्य सुरक्षा प्रौद्योगिकियों, उत्पादों और सेवाओं के विकास को तेज कर सकते हैं। निजी क्षेत्र के वित्तपोषण और विशेषज्ञता को सरकारी अनुसंधान संस्थानों के साथ जोड़कर, पीपीपी अनुसंधान और विकास के प्रयासों को अधिक कुशल और प्रभावी बना सकते हैं।

- संसाधनों का जुटाना: पीपीपी सरकारों को खाद्य सुरक्षा अनुसंधान और विकास के लिए अधिक धन जुटाने में मदद कर सकते हैं। सरकारें सीधे निवेश कर सकती हैं, या वे अनुसंधान कर क्रेडिट और अन्य प्रोत्साहनों के माध्यम से निजी क्षेत्र के निवेश को प्रोत्साहित कर सकती हैं।

जोखिम साझा करना: पीपीपी अनुसंधान और विकास परियोजनाओं के जुड़े जोखिम को साझा करने में मदद कर सकते हैं। यह सरकारों और निजी क्षेत्र दोनों के लिए जोखिम को कम करने में मदद कर सकता है और निवेश को प्रोत्साहित कर सकता है।

ज्ञान का प्रसार: पीपीपी अनुसंधान और विकास के परिणामों को व्यापक रूप से साझा करने में मदद कर सकते हैं। यह उद्योग, किसानों और उपभोक्ताओं को खाद्य सुरक्षा में सुधार के लिए नए ज्ञान और प्रौद्योगिकियों को अपनाने में सक्षम बना सकता है।

सहयोग को बढ़ावा देना: पीपीपी विभिन्न हितधारकों को एक साथ लाने में मदद कर सकते हैं, जिससे सहयोग और समन्वय के अवसर पैदा होते हैं। यह खाद्य सुरक्षा चुनौतियों को हल करने के लिए एक अधिक समग्र और प्रभावी दृष्टिकोण की अनुमति देता है।

पीपीपी के सफल कार्यान्वयन के लिए महत्वपूर्ण कारक:

स्पष्ट लक्ष्य और उद्देश्य: पीपीपी के पास स्पष्ट लक्ष्य और उद्देश्य होने चाहिए जो खाद्य सुरक्षा में सुधार से जुड़े हों।

स्पष्ट भूमिका और जिम्मेदारियां: पीपीपी में शामिल सभी भागीदारों की स्पष्ट भूमिका और जिम्मेदारियां होनी चाहिए।

न्यायसंगत जोखिम और लाभ साझा करना: पीपीपी में जोखिम और लाभ को सभी भागीदारों के बीच न्यायसंगत रूप से साझा किया जाना चाहिए।

पारदर्शिता और जवाबदेही: पीपीपी को पारदर्शी और जवाबदेह तरीके से संचालित किया जाना चाहिए।

मजबूत निगरानी और मूल्यांकन: पीपीपी के प्रभाव का मूल्यांकन करने के लिए मजबूत निगरानी और मूल्यांकन प्रणाली की आवश्यकता है।

खाद्य सुरक्षा एक जटिल और बहुआयामी चुनौती है जिसके लिए विभिन्न हितधारकों के बीच सहयोग की आवश्यकता है। सार्वजनिक-निजी

भागीदारी (PPP) सरकार, निजी क्षेत्र, और अन्य संगठनों के बीच सहयोग के लिए एक प्रभावी मॉडल है जो खाद्य सुरक्षा अनुसंधान और विकास (R&D) को आगे बढ़ा सकता है।

सार्वजनिक-निजी भागीदारी क्या है?

एक सार्वजनिक-निजी भागीदारी (PPP) एक समझौता है जिसमें सरकार और निजी क्षेत्र एक परियोजना या पहल को पूरा करने के लिए संसाधनों और विशेषज्ञता को साझा करते हैं। पीपीपी विभिन्न प्रकार के रूप ले सकते हैं, जिसमें संयुक्त उद्यम, अनुबंध अनुसंधान और विकास, और सार्वजनिक-निजी अनुदान कार्यक्रम शामिल हैं।

खाद्य सुरक्षा अनुसंधान और विकास में पीपीपी की भूमिका:

- नवाचार को बढ़ावा देना: पीपीपी नए खाद्य सुरक्षा प्रौद्योगिकियों, उत्पादों और सेवाओं के विकास को तेज कर सकते हैं। निजी क्षेत्र के वित्तपोषण और विशेषज्ञता को सरकारी अनुसंधान संस्थानों के साथ जोड़कर, पीपीपी अनुसंधान और विकास के प्रयासों को अधिक कुशल और प्रभावी बना सकते हैं।

- संसाधनों का जुटाना: पीपीपी सरकारों को खाद्य सुरक्षा अनुसंधान और विकास के लिए अधिक धन जुटाने में मदद कर सकते हैं। सरकारें सीधे निवेश कर सकती हैं, या वे अनुसंधान कर क्रेडिट और अन्य प्रोत्साहनों के माध्यम से निजी क्षेत्र के निवेश को प्रोत्साहित कर सकती हैं।

- जोखिम साझा करना: पीपीपी अनुसंधान और विकास परियोजनाओं के जुड़े जोखिम को साझा करने में मदद कर सकते हैं। यह सरकारों और निजी क्षेत्र दोनों के लिए जोखिम को कम करने में मदद कर सकता है और निवेश को प्रोत्साहित कर सकता है।

- ज्ञान का प्रसार: पीपीपी अनुसंधान और विकास के परिणामों को व्यापक रूप से साझा करने में मदद कर सकते हैं। यह उद्योग, किसानों और

उपभोक्ताओं को खाद्य सुरक्षा में सुधार के लिए नए ज्ञान और प्रौद्योगिकियों को अपनाने में सक्षम बना सकता है।

सहयोग को बढ़ावा देना: पीपीपी विभिन्न हितधारकों को एक साथ लाने में मदद कर सकते हैं, जिससे सहयोग और समन्वय के अवसर पैदा होते हैं। यह खाद्य सुरक्षा चुनौतियों को हल करने के लिए एक अधिक समग्र और प्रभावी दृष्टिकोण की अनुमति देता है।

पीपीपी के सफल कार्यान्वयन के लिए महत्वपूर्ण कारक:

स्पष्ट लक्ष्य और उद्देश्य: पीपीपी के पास स्पष्ट लक्ष्य और उद्देश्य होने चाहिए जो खाद्य सुरक्षा में सुधार से जुड़े हों।

स्पष्ट भूमिका और जिम्मेदारियां: पीपीपी में शामिल सभी भागीदारों की स्पष्ट भूमिका और जिम्मेदारियां होनी चाहिए।

न्यायसंगत जोखिम और लाभ साझा करना: पीपीपी में जोखिम और लाभ को सभी भागीदारों के बीच न्यायसंगत रूप से साझा किया जाना चाहिए।

पारदर्शिता और जवाबदेही: पीपीपी को पारदर्शी और जवाबदेह तरीके से संचालित किया जाना चाहिए।

मजबूत निगरानी और मूल्यांकन: पीपीपी के प्रभाव का मूल्यांकन करने के लिए मजबूत निगरानी और मूल्यांकन प्रणाली की आवश्यकता है।

कृषि अपशिष्ट प्रबंधन और संसाधन पुनर्प्राप्ति में लागू किए गए परिपत्र अर्थव्यवस्था सिद्धांत

कृषि एक महत्वपूर्ण आर्थिक क्षेत्र है, लेकिन यह अपशिष्ट की एक बड़ी मात्रा भी उत्पन्न करता है। फसल अवशेष, पशुधन अपशिष्ट, और खाद्य अपशिष्ट सभी संभावित संसाधन हैं जिन्हें परिपत्र अर्थव्यवस्था (सीई) सिद्धांतों को लागू करके पुनर्नवीनीकरण और पुन: उपयोग किया जा सकता है।

परिपत्र अर्थव्यवस्था क्या है?

सीई एक आर्थिक मॉडल है जो पारंपरिक "ले-मेक-डिस्पोज" अर्थव्यवस्था से दूर एक बंद-लूप प्रणाली की ओर स्थानांतरित करने का प्रयास करता है। सीई का लक्ष्य उत्पादों और सामग्रियों को यथासंभव लंबे समय तक उपयोग में रखना और कचरे को कम से कम करना है।

सीई सिद्धांतों को कृषि अपशिष्ट प्रबंधन में कैसे लागू किया जा सकता है?

- अपशिष्ट को संसाधन के रूप में देखना: सीई का पहला सिद्धांत यह है कि अपशिष्ट को एक समस्या के बजाय एक संसाधन के रूप में देखा जाना चाहिए। कृषि में, इसका मतलब है कि अपशिष्ट सामग्री जैसे फसल अवशेषों, पशुधन के अपशिष्ट और खाद्य अपशिष्ट को नए उत्पादों में बनाया जा सकता है या मिट्टी को पुनर्जीवित करने के लिए उपयोग किया जा सकता है।

- डिजाइन सोच का उपयोग करना: सीई का दूसरा सिद्धांत यह है कि अपशिष्ट को कम करने के लिए उत्पादों और प्रक्रियाओं को डिजाइन करते समय डिजाइन सोच का उपयोग करना महत्वपूर्ण है। कृषि में, इसका मतलब है कि फसलों को इस तरह से उगाना है जिससे कम से कम अपशिष्ट हो, जैसे कि किस्मों का चयन करना जो अवशेषों का कम

उत्पादन करते हैं या पशुधन को इस तरह से खिलाना है जिससे कम से कम खाद्य अपशिष्ट हो।

लंबे समय तक चलने वाले उत्पादों का निर्माण: सीई का तीसरा सिद्धांत यह है कि उत्पादों को लंबे समय तक चलने और मरम्मत, रखरखाव और अपग्रेड के लिए डिजाइन किया जाना चाहिए। कृषि में, इसका मतलब है कि कठिन उपकरण और मशीनरी का उपयोग करना जो लंबे समय तक चलने के लिए बनी हों और जिन्हें जरूरत पड़ने पर आसानी से मरम्मत या अपग्रेड किया जा सके।

बंद लूप प्रणालियों का निर्माण: सीई का चौथा सिद्धांत यह है कि बंद लूप प्रणालियों का निर्माण करना महत्वपूर्ण है जहां अपशिष्ट को एक उत्पादन प्रक्रिया से दूसरे में उपयोग किया जाता है। कृषि में, इसका मतलब है कि पशुधन के अपशिष्ट को खाद बनाने और खेतों को उर्वरित करने के लिए इस्तेमाल किया जा सकता है, और फसल के अवशेषों को बायोगैस बनाने के लिए इस्तेमाल किया जा सकता है, जो बिजली उत्पन्न कर सकता है।

सहयोग को बढ़ावा देना: सीई का पांचवां सिद्धांत यह है कि सहयोग को बढ़ावा देना महत्वपूर्ण है ताकि विभिन्न हितधारक संसाधनों को साझा कर सकें और अपशिष्ट को कम कर सकें। कृषि में, इसका मतलब है कि किसानों, खाद्य प्रोसेसरों, और अन्य हितधारकों के बीच साझेदारी का निर्माण करना ताकि अपशिष्ट को एक दूसरे के संसाधनों के रूप में उपयोग किया जा सके।

सीई कृषि अपशिष्ट प्रबंधन के लिए फायदे:

कम अपशिष्ट: सीई अपशिष्ट की मात्रा को कम करने में मदद करता है जो लैंडफिल में समाप्त होता है, जिससे पर्यावरण पर नकारात्मक प्रभाव कम होता है।

- संसाधनों का संरक्षण: सीई संसाधनों के संरक्षण में मदद करता है, जैसे कि पानी, ऊर्जा और कच्चे माल।

- संसाधनों का संरक्षण: सीई संसाधनों के संरक्षण में मदद करता है, जैसे कि पानी, ऊर्जा और कच्चे माल।

Chapter 5: The Future of Food Safety - A Collaborative Approach:

अध्याय 5: खाद्य सुरक्षा का भविष्य - एक सहयोगी दृष्टिकोण

खाद्य सुरक्षा को आगे बढ़ाने के लिए नवाचार, सहयोग और वैश्विक सहयोग के माध्यम से सिफारिशें

खाद्य सुरक्षा एक वैश्विक चुनौती है और इसे दूर करने के लिए सभी हितधारकों - सरकारों, निजी क्षेत्र, शैक्षणिक संस्थानों और उपभोक्ताओं के बीच सहयोग की आवश्यकता है। नवाचार, सहयोग और वैश्विक सहयोग के माध्यम से खाद्य सुरक्षा को आगे बढ़ाने के लिए कई सिफारिशें हैं:

नवाचार:

खाद्य सुरक्षा प्रौद्योगिकियों का अनुसंधान और विकास: यह नए डायग्नोस्टिक उपकरण, रोगाणुरोधी उपचार, खाद्य प्रसंस्करण तकनीक और खाद्य पैकेजिंग सामग्री के विकास को प्रोत्साहित करेगा।

डिजिटल प्रौद्योगिकियों का उपयोग: ब्लॉकचैन, आर्टिफिशियल इंटेलिजेंस (AI) और इंटरनेट ऑफ थिंग्स (IoT) जैसी प्रौद्योगिकियां खाद्य आपूर्ति श्रृंखला की पारदर्शिता और ट्रेसेबिलिटी में सुधार कर सकती हैं, जिससे खाद्य जनित बीमारी के प्रकोप को रोकने में मदद मिल सकती है।

नए खाद्य स्रोतों का विकास: खेती के वैकल्पिक तरीकों, जैसे कि ऊर्ध्वाधर खेती और जलीय कृषि, को बढ़ावा देना, खाद्य उत्पादन बढ़ाने और खाद्य सुरक्षा को मजबूत करने में मदद कर सकता है।

सहयोग:

- सार्वजनिक-निजी भागीदारी (पीपीपी): सरकारों और निजी क्षेत्र के बीच पीपीपी खाद्य सुरक्षा अनुसंधान और विकास, बुनियादी ढांचे के विकास और क्षमता निर्माण में निवेश बढ़ा सकते हैं।

- किसानों और खाद्य उद्योग के बीच सहयोग: यह सुरक्षित खाद्य उत्पादन और प्रसंस्करण प्रथाओं को साझा करने और अपनाने में मदद कर सकता है।

- विभिन्न देशों के बीच सहयोग: यह खाद्य सुरक्षा मानकों को सामंजस्य बनाने, सूचना साझा करने और खाद्य जनित बीमारी के प्रकोपों का जवाब देने में सहयोग करने में मदद कर सकता है।

वैश्विक सहयोग:

- अंतर्राष्ट्रीय संगठनों को मजबूत करना: खाद्य सुरक्षा के लिए अंतर्राष्ट्रीय संगठनों को वित्तीय और मानवीय संसाधनों को मजबूत करने की जरूरत है ताकि वे प्रभावी ढंग से अपनी भूमिका निभा सकें।

- क्षमता निर्माण: विकासशील देशों में खाद्य सुरक्षा प्रणालियों को मजबूत करने के लिए क्षमता निर्माण कार्यक्रमों को बढ़ावा दिया जाना चाहिए।

- सूचना साझा करने के लिए वैश्विक प्लेटफार्मों का विकास: खाद्य सुरक्षा संबंधी जानकारी को साझा करने और खाद्य जनित बीमारी के प्रकोपों के बारे में देशों को सतर्क करने के लिए वैश्विक प्लेटफार्मों का विकास आवश्यक है।

उपभोक्ता शिक्षा:

- उपभोक्ताओं को खाद्य सुरक्षा के बारे में शिक्षित करने से उन्हें सुरक्षित खाद्य पदार्थों का चयन करने, उन्हें ठीक से संभालने और खाद्य जनित बीमारी के जोखिम को कम करने में सहायता मिलेगी।

- खाद्य सुरक्षा संबंधी जानकारी को उपभोक्ताओं के लिए सुलभ और समझने योग्य तरीके से प्रस्तुत किया जाना चाहिए।

खाद्य सुरक्षा को आगे बढ़ाने के लिए सिफारिशों का कार्यान्वयन:

- सरकारों को खाद्य सुरक्षा के लिए पर्याप्त वित्तीय संसाधन आवंटित करने चाहिए।

- निजी क्षेत्र को खाद्य सुरक्षा अनुसंधान और विकास में निवेश करना चाहिए।

- शिक्षाविदों को खाद्य सुरक्षा के बारे में नया ज्ञान विकसित करना चाहिए।

सुरक्षित और टिकाऊ खाद्य प्रणालियों की मांग में उपभोक्ताओं की भूमिका

खाद्य सुरक्षा और टिकाऊपन वैश्विक चिंताएं हैं जिनमें उपभोक्ताओं की महत्वपूर्ण भूमिका है। उपभोक्ता अपने खाद्य विकल्पों के माध्यम से खाद्य प्रणाली को प्रभावित कर सकते हैं, और सुरक्षित और टिकाऊ खाद्य पदार्थों की मांग करके, वे खाद्य उत्पादन, प्रसंस्करण और वितरण के सभी चरणों में सकारात्मक बदलाव लाने में मदद कर सकते हैं।

उपभोक्ताओं की भूमिका के महत्व के कारण:

1. बाजार की ताकत: उपभोक्ता खाद्य बाजार में महत्वपूर्ण खिलाड़ी हैं। उनकी खाद्य खरीद निर्णय किसानों, उत्पादकों, और खुदरा विक्रेताओं को प्रभावित करते हैं। सुरक्षित और टिकाऊ खाद्य पदार्थों की मांग बढ़ाकर, उपभोक्ता खाद्य प्रणाली को उन उत्पादों की ओर ले जाते हैं जो सुरक्षित हैं, पर्यावरण के लिए बेहतर हैं, और सामाजिक रूप से जिम्मेदार हैं।

2. जागरूकता बढ़ाना: उपभोक्ता खाद्य सुरक्षा और टिकाऊपन के मुद्दों के बारे में जागरूकता बढ़ाने में महत्वपूर्ण भूमिका निभाते हैं। वे अपने परिवारों, दोस्तों और समुदायों के साथ बातचीत करके और सोशल मीडिया के माध्यम से जानकारी साझा करके दूसरों को शिक्षित कर सकते हैं।

3. जवाबदेही को बढ़ावा देना: उपभोक्ता खाद्य प्रणाली में प्रमुख हितधारकों को जवाबदेह ठहराने में भी मदद कर सकते हैं। वे खाद्य सुरक्षा मानकों का पालन करने वाली कंपनियों का समर्थन कर सकते हैं और उन कंपनियों का बहिष्कार कर सकते हैं जो नहीं करती हैं। वे सरकारों को मजबूत खाद्य सुरक्षा नियमों को लागू करने और टिकाऊ कृषि पद्धतियों को बढ़ावा देने के लिए भी प्रोत्साहित कर सकते हैं।

उपभोक्ता कैसे मांग कर सकते हैं सुरक्षित और टिकाऊ खाद्य पदार्थ?

1. खाद्य लेबलों को पढ़ना: उपभोक्ताओं को खाद्य लेबलों को ध्यान से पढ़ना चाहिए और उन खाद्य पदार्थों का चयन करना चाहिए जो कम से कम संसाधित, ताजे और स्थानीय रूप से उत्पादित हों। वे कृषि पद्धतियों, जैसे कि जैविक या निष्पक्ष व्यापार का चयन कर सकते हैं।

2. खाद्य उत्पादन के बारे में प्रश्न पूछना: उपभोक्ताओं को किसानों, उत्पादकों और खुदरा विक्रेताओं से खाद्य उत्पादन के बारे में प्रश्न पूछकर खाद्य सुरक्षा और टिकाऊपन के बारे में अधिक जानकारी प्राप्त करनी चाहिए।

3. स्थानीय किसानों और उत्पादकों का समर्थन करना: उपभोक्ता स्थानीय किसानों के बाजारों में खरीदारी करके और सीधे किसानों से खाद्य पदार्थ खरीदकर स्थानीय खाद्य प्रणालियों को मजबूत कर सकते हैं।

4. अपशिष्ट कम करना: उपभोक्ताओं को भोजन की बर्बादी को कम करने के लिए कदम उठाने चाहिए, जैसे कि केवल उतना ही खरीदना जितना वे उपयोग करेंगे और बचे हुए भोजन को संरक्षित करना।

5. खाद्य सुरक्षा और टिकाऊपन के बारे में वकालत करना: उपभोक्ता खाद्य सुरक्षा और टिकाऊपन के बारे में सरकारों और संगठनों से संपर्क कर वकालत कर सकते हैं। वे खाद्य सुरक्षा नियमों को मजबूत करने, टिकाऊ कृषि पद्धतियों को बढ़ावा देने और खाद्य प्रणाली को अधिक टिकाऊ बनाने के लिए नीतिगत बदलावों का आह्वान कर सकते हैं।

भविष्य के लिए लचीले और टिकाऊ कृषि प्रणालियों का निर्माण

आज दुनिया तेजी से बदल रही है। जलवायु परिवर्तन, जनसंख्या वृद्धि और संसाधनों की कमी जैसे वैश्विक चुनौतियों का सामना करते हुए, भविष्य के लिए लचीले और टिकाऊ कृषि प्रणालियों का निर्माण आवश्यक हो गया है। ये प्रणालियाँ खाद्य सुरक्षा सुनिश्चित करने, पर्यावरण की रक्षा करने और आने वाली पीढ़ियों के लिए ग्रामीण आजीविका को बनाए रखने में एक महत्वपूर्ण भूमिका निभाएंगी।

लचीली और टिकाऊ कृषि प्रणालियों की विशेषताएं:

- जैव विविधता: पारंपरिक फसलों की किस्मों और पशुधन की नस्लों को बढ़ावा देना, साथ ही साथ मिश्रित खेती प्रणालियों को अपनाना, जोखिम को कम करने और स्थानीय पारिस्थितिकी तंत्र को मजबूत करने में मदद कर सकता है।

- संसाधन दक्षता: जल, ऊर्जा और अन्य संसाधनों का कुशलतापूर्वक उपयोग करना और कम से कम कचरा पैदा करना महत्वपूर्ण है। यह सटीक कृषि तकनीकों को अपनाने, पुनर्योजी कृषि प्रथाओं को लागू करने और खाद्य अपशिष्ट को कम करने के माध्यम से प्राप्त किया जा सकता है।

- पर्यावरण संरक्षण: भूमि के क्षरण को रोकने, मिट्टी की उर्वरता बनाए रखने और जैव विविधता की रक्षा के लिए पर्यावरणीय रूप से स्थायी कृषि पद्धतियों को अपनाना आवश्यक है। इसमें कवर फसलें लगाना, खाद और जैविक कीट नियंत्रण का उपयोग करना और रसायनों के उपयोग को कम करना शामिल है।

- आर्थिक व्यवहार्यता: किसानों के लिए अपने आजीविका को बनाए रखने और कृषि क्षेत्र में निवेश करने के लिए कृषि प्रणालियों को आर्थिक रूप से व्यवहार्य होना चाहिए। किसानों को उचित मूल्य प्राप्त करने में सहायता

करने के लिए मजबूत बाजारों और मूल्य श्रृंखलाओं का निर्माण करना महत्वपूर्ण है।

सामाजिक न्याय और समानता: लचीली और टिकाऊ कृषि प्रणालियों को ग्रामीण महिलाओं और युवाओं को सशक्त बनाना चाहिए और सभी के लिए समान अवसर सुनिश्चित करना चाहिए। इसका मतलब भूमि सुधार, शिक्षा और प्रशिक्षण तक पहुंच का समर्थन करना और ग्रामीण समुदायों को निर्णय लेने की प्रक्रिया में शामिल करना है।

लचीली और टिकाऊ कृषि प्रणालियों के निर्माण के लिए रणनीतियाँ:

अनुसंधान और विकास: जलवायु-स्मार्ट फसलों और पशुधन, संसाधन-कुशल प्रौद्योगिकियों और नई कृषि पद्धतियों के विकास के लिए अनुसंधान और विकास में निवेश करना आवश्यक है।

क्षमता निर्माण: किसानों और कृषि कर्मचारियों को नई तकनीकों और प्रथाओं के बारे में शिक्षित करने और प्रशिक्षित करने के लिए क्षमता निर्माण कार्यक्रग आवश्यक हैं।

नीतिगत परिवर्तन: सरकारों को टिकाऊ कृषि प्रथाओं को प्रोत्साहित करने के लिए नीतिगत परिवर्तन लागू करना चाहिए, जैसे कि सब्सिडी प्रदान करना, अनुसंधान और विकास में निवेश करना और पर्यावरणीय नियमों को लागू करना।

सार्वजनिक-निजी भागीदारी: सार्वजनिक और निजी क्षेत्रों को लचीली और टिकाऊ कृषि प्रणालियों के निर्माण के लिए संसाधनों और विशेषज्ञता को साझा करने के लिए सहयोग करना चाहिए।

समुदाय-आधारित दृष्टिकोण: लचीली और टिकाऊ कृषि प्रणालियों के निर्माण के लिए स्थानीय समुदायों को शामिल करना और उनके ज्ञान और अनुभवों को महत्व देना महत्वपूर्ण है।

खाद्य सुरक्षा प्रथाओं के निरंतर सुधार के लिए अनुसंधान और विकास में निवेश

खाद्य सुरक्षा एक वैश्विक चिंता का विषय है, जो खाद्य जनित बीमारी के प्रकोप, खाद्य धोखाधड़ी और खाद्य प्रदूषण के बढ़ते जोखिमों को जन्म देती है। इन चुनौतियों का समाधान करने और खाद्य सुरक्षा सुनिश्चित करने के लिए, अनुसंधान और विकास (R&D) में निवेश आवश्यक है।

खाद्य सुरक्षा R&D के महत्व:

- नए खाद्य सुरक्षा जोखिमों की पहचान और प्रबंधन: R&D खाद्य जनित रोगजनकों, रसायनों और अन्य खाद्य सुरक्षा जोखिमों के उभरने और पुनरुत्थान की पहचान करने में मदद करता है। यह वैज्ञानिकों और खाद्य सुरक्षा अधिकारियों को इन जोखिमों को प्रबंधित करने और खाद्य जनित बीमारी को रोकने के उपायों को विकसित करने में सक्षम बनाता है।

- खाद्य सुरक्षा प्रौद्योगिकियों का विकास: R&D खाद्य उत्पादन, प्रसंस्करण और वितरण के सभी चरणों में खाद्य सुरक्षा में सुधार के लिए नई प्रौद्योगिकियों के विकास को प्रोत्साहित करता है। इन प्रौद्योगिकियों में डायग्नोस्टिक परीक्षण, रोगाणुरोधी उपचार, उन्नत खाद्य पैकेजिंग सामग्री और खाद्य श्रृंखला की ट्रैसेबिलिटी बढ़ाने वाले डिजिटल समाधान शामिल हो सकते हैं।

- खाद्य सुरक्षा मानकों का उन्नयन: R&D खाद्य सुरक्षा मानकों और नियमों को विकसित करने और अपडेट करने के लिए वैज्ञानिक आधार प्रदान करता है। यह सुनिश्चित करता है कि खाद्य सुरक्षा मानक नवीनतम वैज्ञानिक ज्ञान और प्रौद्योगिकियों पर आधारित हैं और खाद्य जनित बीमारी के जोखिम को कम करने के लिए सबसे प्रभावी हैं।

- खाद्य सुरक्षा क्षमता निर्माण: R&D खाद्य सुरक्षा प्रशिक्षण कार्यक्रमों और संसाधनों के विकास में योगदान देता है जो किसानों, खाद्य उद्योग के कर्मचारियों और उपभोक्ताओं को सुरक्षित खाद्य पदार्थों को संभालने और

तैयार करने के बारे में शिक्षित करते हैं। यह खाद्य सुरक्षा ज्ञान और प्रथाओं को बढ़ावा देने में मदद करता है और खाद्य जनित बीमारी के जोखिम को कम करता है।

खाद्य सुरक्षा R&D में निवेश के लाभ:

खाद्य जनित बीमारी से होने वाली बीमारी और मृत्यु में कमी: प्रभावी खाद्य सुरक्षा R&D खाद्य जनित बीमारी के प्रकोप की संख्या और खाद्य जनित बीमारी से जुड़ी बीमारी और मृत्यु की संख्या को कम कर सकता है।

आर्थिक लाभ: खाद्य जनित बीमारी से जुड़े आर्थिक नुकसान को कम करके, खाद्य सुरक्षा R&D का सकारात्मक आर्थिक प्रभाव पड़ सकता है।

उपभोक्ता विश्वास में वृद्धि: मजबूत खाद्य सुरक्षा प्रणाली उपभोक्ता विश्वास को बढ़ा सकती है और खाद्य उद्योग को लाभ पहुंचा सकती है।

सुरक्षित और स्वस्थ खाद्य आपूर्ति सुनिश्चित करना: खाद्य सुरक्षा R&D भविष्य के लिए सुरक्षित और स्वस्थ खाद्य आपूर्ति सुनिश्चित करने में एक महत्वपूर्ण भूमिका निभाता है।

खाद्य सुरक्षा अनुसंधान और विकास में निवेश के लाभ:

खाद्य जनित बीमारियों का कम होना: खाद्य सुरक्षा अनुसंधान और विकास से खाद्य जनित बीमारियों के प्रकोपों की संख्या और गंभीरता को कम करने में मदद मिल सकती है।

खाद्य धोखाधड़ी का कम होना: खाद्य सुरक्षा अनुसंधान और विकास से खाद्य धोखाधड़ी के मामलों की संख्या को कम करने में मदद मिल सकती है।

उपभोक्ता विश्वास का बढ़ना: खाद्य सुरक्षा अनुसंधान और विकास से उपभोक्ताओं का खाद्य आपूर्ति में विश्वास बढ़ाने में मदद मिल सकती है।

- आर्थिक लाभ: खाद्य सुरक्षा अनुसंधान और विकास से खाद्य जनित बीमारियों और खाद्य धोखाधड़ी के कारण होने वाले आर्थिक नुकसान को कम करने में मदद मिल सकती है।

खाद्य सुरक्षा अनुसंधान और विकास के लिए धन का स्रोत:

- सरकार: सरकारें खाद्य सुरक्षा अनुसंधान और विकास के लिए प्रत्यक्ष रूप से धन उपलब्ध करा सकती हैं।

- निजी क्षेत्र: निजी क्षेत्र के संगठन खाद्य सुरक्षा अनुसंधान और विकास में निवेश कर सकते हैं।

- गैर-सरकारी संगठन: गैर-सरकारी संगठन खाद्य सुरक्षा अनुसंधान और विकास का समर्थन कर सकते हैं।

- अंतर्राष्ट्रीय संगठन: अंतर्राष्ट्रीय संगठन खाद्य सुरक्षा अनुसंधान और विकास के लिए धन उपलब्ध करा सकते हैं।

विश्व भर में सभी आबादी के लिए सुरक्षित भोजन तक समान पहुँच सुनिश्चित करना

सुरक्षित भोजन तक समान पहुंच एक मौलिक मानवीय अधिकार है। दुर्भाग्य से, दुनिया भर में लाखों लोग अभी भी असुरक्षित भोजन की कमी झेल रहे हैं, जिससे कुपोषण, खाद्य जनित बीमारी और अन्य स्वास्थ्य समस्याएं होती हैं। इस महत्वपूर्ण मुद्दे को हल करने के लिए, समाज के सभी स्तरों पर समन्वित प्रयासों की आवश्यकता है।

सुरक्षित भोजन के लिए असमान पहुंच के कारण:

गरीबी: गरीबी खाद्य असुरक्षा का एक प्रमुख कारण है। गरीब परिवारों के पास अक्सर पौष्टिक और सुरक्षित भोजन खरीदने के लिए पर्याप्त संसाधन नहीं होते हैं।

भोजन तक पहुंच की कमी: भौगोलिक बाधाओं, खराब बुनियादी ढांचे और सशस्त संघर्ष के कारण कुछ समुदायों के लिए सुरक्षित भोजन तक पहुंचना मुश्किल हो सकता है।

भोजन की बर्बादी और अपव्यय: दुनिया भर में बड़ी मात्रा में भोजन बर्बाद हो जाता है या खराब हो जाता है, जबकि अन्य लोग भूखे रहते हैं।

जलवायु परिवर्तन: जलवायु परिवर्तन फसल उत्पादन को कम कर सकता है और खाद्य सुरक्षा को कमजोर कर सकता है।

असमानता: महिलाओं, बच्चों, अल्पसंख्यकों और अन्य हाशिए के समूहों को अक्सर सुरक्षित भोजन तक पहुंचने में असमानता का सामना करना पड़ता है।

सुरक्षित भोजन तक समान पहुंच सुनिश्चित करने के लिए रणनीतियाँ:

- गरीबी उन्मूलन: गरीबी को कम करने से लोगों को पौष्टिक और सुरक्षित भोजन खरीदने के लिए अधिक संसाधन मिलेंगे।

- कृषि उत्पादकता बढ़ाना: फसल उत्पादन बढ़ाने से खाद्य सुरक्षा में सुधार होगा और खाद्य कीमतों को कम करने में मदद मिलेगी।

- भोजन तक पहुँच में सुधार: खराब बुनियादी ढांचे और भौगोलिक बाधाओं को दूर करने से सभी समुदायों के लिए सुरक्षित भोजन तक पहुंच में सुधार होगा।

- खाद्य अपव्यय को कम करना: खाद्य अपव्यय को कम करने से भोजन की उपलब्धता बढ़ेगी और खाद्य सुरक्षा में सुधार होगा।

- जलवायु परिवर्तन से निपटना: जलवायु परिवर्तन को कम करने से फसल उत्पादन को बनाए रखने और खाद्य सुरक्षा सुनिश्चित करने में मदद मिलेगी।

- लैंगिक समानता को बढ़ावा देना: महिलाओं को अधिक अधिकार देने से उन्हें खाद्य उत्पादन, प्रसंस्करण और विपणन में अधिक भाग लेने की अनुमति मिलेगी।

- शिक्षा और जागरूकता बढ़ाना: उपभोक्ताओं को खाद्य सुरक्षा के बारे में शिक्षित करने से उन्हें सुरक्षित खाद्य विकल्प बनाने और खाद्य जनित बीमारी के जोखिम को कम करने में मदद मिलेगी।

- नवाचार और प्रौद्योगिकी को बढ़ावा देना: नई प्रौद्योगिकियां खाद्य उत्पादन बढ़ाने, खाद्य अपव्यय को कम करने और खाद्य सुरक्षा में सुधार करने में मदद कर सकती हैं।

- अंतर्राष्ट्रीय सहयोग: खाद्य सुरक्षा एक वैश्विक चुनौती है और इसे दूर करने के लिए अंतर्राष्ट्रीय सहयोग की आवश्यकता है।

सुरक्षित भोजन तक समान पहुंच सुनिश्चित करने के लाभ:

स्वास्थ्य में सुधार: सभी के लिए सुरक्षित भोजन सुनिश्चित करने से कुपोषण और खाद्य जनित बीमारी में कमी आएगी, जिससे स्वास्थ्य और जीवन की गुणवत्ता में सुधार होगा।

आर्थिक विकास को बढ़ावा देना: खाद्य सुरक्षा आर्थिक विकास को बढ़ावा दे सकती है क्योंकि स्वस्थ और उत्पादक आबादी अधिक कमाती है और अर्थव्यवस्था में अधिक योगदान देती है।

सुरक्षित भोजन तक समान पहुंच सुनिश्चित करने के लिए चुनौतियां:

धन की कमी: खाद्य सुरक्षा कार्यक्रमों को लागू करने के लिए पर्याप्त धन उपलब्ध नहीं हो सकता है।

संघर्ष और अस्थिरता: संघर्ष और अस्थिरता से खाद्य आपूर्ति में बाधा आ सकती है और खाद्य असुरक्षा को बढ़ा सकती है।

जलवायु परिवर्तन: जलवायु परिवर्तन खाद्य उत्पादन को कम कर सकता है और खाद्य असुरक्षा को बढ़ा सकता है।

भ्रष्टाचार: भ्रष्टाचार खाद्य सुरक्षा कार्यक्रमों से धन को मोड़ सकता है और उनके प्रभाव को कम कर सकता है।